XINXING DIANLI XITONG PEIDIANWANG WANGGEHUA GUIHUA JI YINGYONG

新型电力系统 配电网网格化 规划及应用

国网福建省电力有限公司经济技术研究院　组编

陈　彬　主编

中国电力出版社
CHINA ELECTRIC POWER PRESS

内 容 提 要

随着新型电力系统建设的不断推进，配电网侧接入了大规模源荷储新要素，广泛应用了直流配电、柔性互联等新技术，因此，探讨新型电力系统配电网网格化规划方法是十分有必要的。

本书是配电网网格化规划工作的专业参考书，内容主要包括新型电力系统配电网概述、配电网构成新要素、配电网新技术应用、新型电力系统配电网网格属性和特性、新型电力系统配电网网格划分及应用、新型电力系统配电网网格化规划内容与流程、网格发展诊断、电力需求预测、源荷储新要素优化配置、中压目标网架及近期网架规划、低压配电网规划、智能化规划、新型电力系统配电网网格化规划案例，旨在为新型电力系统配电网网格化规划提供有力的技术与实践支撑。

本书可供从事配电网规划、配电网网格化规划、智能化规划、新型电力系统规划等专业工作的技术人员阅读，对高等院校相关专业的师生也有一定的参考价值。

图书在版编目（CIP）数据

新型电力系统配电网网格化规划及应用 / 国网福建
省电力有限公司经济技术研究院组编；陈彬主编 .
北京：中国电力出版社，2025. 3. -- ISBN 978-7
-5198-9698-0

Ⅰ. TM715

中国国家版本馆 CIP 数据核字第 2025KQ0547 号

出版发行：中国电力出版社
地　　址：北京市东城区北京站西街 19 号（邮政编码 100005）
网　　址：http://www.cepp.sgcc.com.cn
责任编辑：高　芬　罗　艳（010-63412315）
责任校对：黄　蓓　王海南
装帧设计：张俊霞
责任印制：石　雷

印　　刷：三河市万龙印装有限公司
版　　次：2025 年 3 月第一版
印　　次：2025 年 3 月北京第一次印刷
开　　本：710 毫米 × 1000 毫米　16 开本
印　　张：15.75
字　　数：247 千字
印　　数：0001-1000 册
定　　价：90.00 元

编 委 会

前　言

配电网网格化规划依托城市总体规划和控制性详细规划开展，其核心在于以网格为单位对负荷需求的大小、空间位置及时间变化进行从点到面的统计分析，强化电力设施的社会属性，统筹电网一、二次建设需求，将高压、中压、低压电力设施一次布置到位，满足电能区块化配送需求。网格化规划的重要意义在于将电网规划最终成果纳入城市规划中，对电力设施建设用地及电力线路廊道予以落实并加以控制和保护，并得到政府相关部门的批准，实现电网设施与城市建设的有机结合。

随着新要素发展、新业态驱动，配电网的功能定位、运行特征、系统形态发生了深刻的变化。总体来看，配电网正逐步由单纯接受、分配电能给用户的电力网络转变为源网荷储融合互动、与上级电网灵活耦合的电力网络，在促进分布式电源就近消纳、承载新型负荷方面的功能日益显著。因此，只有进一步丰富配电网网格化规划的内涵和方法，才能满足新形势下配电网高质量发展需求。

本书共 13 章，内容紧密围绕新型电力系统配电网网格化规划及应用展开。首先，介绍了配电网侧接入的分布式电源、多元化负荷、储能、微电网等新要素的技术发展现状及趋势和直流配电、柔性互联、智慧物联等新技术的应用情况。然后，提出了新型电力系统配电网网格的定义，并详细阐述了新型电力系统配电网网格所具备的能量、技术和环境三大属性。接着，从网格发展诊断、电力需求预测、源荷储新要素配置、中压目标网架及近中期网架规划、低压配电网规划、智能化规划等方面，论述了新型电力系统配电网网格化规划的具体方法。最后，以福建省某网格作为案例，详细阐述了本书所提新型电力系统网格化规划方法在实际规划工作中的应用。

本书在编写过程中引用了国内外同行相关研究成果，在此向他们表示感谢。尽管编者尽了最大的努力，但因学识所限和时间仓促，书中可能存在疏漏之处，敬请业内专家和学者批评指正。

编者

2024 年 12 月

目录
CONTENTS

3　配电网新技术应用

7 网格发展诊断

8 电力需求预测

9　源荷储新要素优化配置

10　中压目标网架及近中期网架规划

11 低压配电网规划

12 智能化规划

13　新型电力系统配电网网格化规划案例

1 新型电力系统配电网概述

1.1 新型电力系统概述

1.1.1 电力系统转型发展需求

经济发展，电力先行。改革开放以来，我国电力系统规模持续扩大、结构持续优化、效率持续提升、体制改革和科技创新不断取得突破。目前，我国电力系统发电装机总容量、非化石能源发电装机容量、远距离输电能力、电网规模等指标均稳居世界第一位，电力装备制造、规划设计及施工建设、科研与标准化、系统调控运行等方面均建立了较为完备的业态体系，为服务国民经济快速发展和促进人民生活水平不断提高提供了有力支撑。

在"碳达峰、碳中和"的目标指引下，电力系统在电源构成、电网形态、负荷特性、技术基础、运行特性五个方面能发生重要转变。

（1）电源构成转变。电源构成由以化石能源发电为主导，向大规模可再生能源发电为主转变，最终实现新能源发电量占主导。

（2）电网形态转变。电网形态由"输配用"单向逐级输电网络向多元双向混合层次结构网络转变。

（3）负荷特性转变。负荷特性由刚性、消费性向柔性、产消型转变。

（4）技术基础转变。技术基础由支撑机械电磁系统向支撑机电、半导体混合系统转变。

（5）运行特性转变。运行特性由"源随荷动"单项计划调控向源网荷储多元协同互动转变，实现源荷在时间层面上解耦的"源—荷—储"平衡模式。

1.1.2　新型电力系统的基本特征

新型电力系统承载着能源转型的历史使命，具备清洁低碳、安全充裕、经济高效、供需协同、灵活智能的基本特征。

（1）清洁低碳。推动形成清洁主导、电为中心的能源供给和消费体系。科学合理有序发展常规水电、气电、核电，推进煤电机组"三改联动"，构建多轮驱动电力供应体系。能源供给侧实现多元化、清洁化、低碳化，能源消费侧实现高效化、减量化、电气化。

（2）安全充裕。构建交流、直流各电压等级电网协调发展的电网结构，分布式新能源和微电网等实现可观、可测、可调、可控。提升电力系统承载能力、资源配置能力和要素交互能力，持续提升新型电力系统对经济社会发展的现行保障和服务能力。

（3）经济高效。坚持全面节约战略，将以科学供给满足合理能源电力需求作为发展主线，推广源网荷储互动、多能协同互补的能源供给模式，实现转型成本的公平分担和及时传导，推动更经济、更可持续的能源转型。

（4）供需协同。加强海量系统调节资源的存量挖潜和增量能力建设，加强能效分析、能效管理和能效服务，充分激发需求响应潜力，实现源网荷储多要素、多主体协调互动。

（5）灵活智能。融合应用"云大物移智链边"等新型数字化技术、先进信息通信技术、先进控制技术，通过大数据采集、传输、存储、应用对海量分散发供用对象开展智能协调控制，促进能量流和信息流的深度融合。

1.2　新型电力系统配电网概述

1.2.1　配电网转型升级面临的挑战

随着新要素发展、新业态驱动，配电网的功能定位、运行特征、系统形态发生了深刻的变化。总体来看，配电网功能定位从被动单向逐级配送网络，向主动平衡区域电力供需、支撑能源综合利用的资源配置平台转变。配电网作为连接主网架和用户的重要环节，向上可作为参与主网调控和交易的主体，向下可作为分布式电源、储能、多元负荷、虚拟电厂、综合能源系统等市场参与主体的调控和交易平台。运行特征从源随荷动的实时平衡模式、计划导向的一体化垂直控制模式，向源网荷储协同的延时平衡模式、计划市场双驱动的区域自治-广域协同控制模式转变。目前，配电网在安全供应、新要素承载、数智化升级、多元用能服务等方面尚存在诸多问题、面临诸多挑战。

1. 配电网架不适应新能源接入后的复杂运行特征

（1）光伏高渗透导致设备反向重载。由于高比例分布式电源接入，区域变电站或台区负荷曲线将呈现峰谷"反转"，各层级潮流无序穿越给新能源的就地消纳以及降损工作带来新的压力；分布式光伏接入台区往往先接入后改造，部分台区低压光伏远超台区用户消纳能力，特别是夏季光照强烈时，会造成电能大量上送，向台区甚至 10kV 线路反供电流，造成台区反向重过载。

（2）配电系统电能质量问题更加突出。大面积分布式光伏接入给配电网带来了过电压、三相不平衡、谐波等一系列问题。分布式光伏普遍不具备电压调节能力，在光伏大发、出力大于用电负荷时，除了导致大量电力倒送至上级电网，还将导致并网节点的电压抬升，由于配电变压器不具备有载调压能力，高渗透光伏的出力波动将带来局部过电压问题；分布式光伏均由单相或三相逆变器并网，在运行过程中，逆变器输出交流电压、电流中的高次谐波注入配电网，加剧配电系统三相不平衡度、谐波占比等电能质量问题。

（3）电网设备运行效率降低。新能源发电存在随机性、波动性、间歇性，不具备稳定的顶峰能力，对于含分布式光伏的配电网供区，为保障可靠供电，变电站、配电变压器及线路容量仍需按照最高负荷需求配置，但实际运行过程中分布式光伏的接入将降低配电网利用效率，带来投资浪费。对于部分光伏接入后倒送负载率超 100% 的设备，还需额外投资改造配电网，以满足光伏电力送出的需要，电网运行利用效率进一步下降。

2. 智能化水平不适应新型配电网控制保护要求

（1）数据采集感知能力不足。随着配电网多元化负荷规模化接入，现有的配电自动化水平无法满足海量数据采集、故障快速处置的需求。目前在架空线路、电缆线路等关键节点三遥覆盖不足，不能实现中低压配电数据、环境数据、气象数据等海量数据的实时采集。缺少面向配电终端数据的监测和分析评价，无法管控配电自动化终端的运行情况。

（2）继电保护不能适应双向潮流的需求。以福建三明35kV石壁变电站为例，整县光伏开发下，预计石壁变电站将有8条10kV馈线存在光伏倒送，石壁变电站的保护装置按单向潮流配置，潮流反送后存在保护无法正常动作的问题，需要加装线路TV，并重新调整保护策略，增加建设成本。

（3）通信设施需进一步完善。传统配电网信息通信基础设施薄弱，4G及以下公网不满足控制类业务传输要求，"云大物移智链边"、5G、北斗等数字基础设施建设落后，分布式电源接入点多面广，光纤专网敷设困难且难以满足业务分散灵活接入需求。此外，配电通信网建设水平地区不均衡，未实现对通信网络的全程可观、可测、可调、可控，难以匹配源网荷储业务大量接入和协同控制的需求。

3. 配电系统源网荷储协同运行能力亟须升级

（1）单个微电网的控制能力不足。微电网通过内部"发储用"资源协调，作为大电网的补充，能平抑分布式电源随机波动，削弱新能源接入对大电网的冲击，提升电网协调控制能力。目前关于单个微电网内部各类分布式电源、储能、可调节资源的协同控制尚处于研究阶段，特别是低压台区级、馈线级微电网由于采集终端部署不足。目前关于低压区域自治、分层调度控制策略尚处于研究阶段，配电网低压调度能力仍显不足。

（2）配-微协同控制能力不足。随着大规模分布式光伏、可调节负荷的接入，对配电网在新能源就地消纳、负荷灵活互动、源网荷储各要素协同提出了更高的要求，传统配电网运行控制难以满足日益突出的"双高""双随机"挑战，故亟须推进需求侧响应、配-微电网协同、源网荷储一体化协调控制等新技术的试点建设。

（3）虚拟电厂协同控制能力不足。目前支撑虚拟电厂协同控制的通信和自动化聚合技术尚处于研究阶段，有关虚拟电厂的控制架构、功能设置、应用策略等方面的研究尚处于起步阶段。

4. 配电与供电侧相关机制亟待完善

（1）现阶段光伏开发及电动汽车等多元化源荷发展缺乏有序引导与约束。

地区发改能源部门对光伏布局缺乏整体规划，源、网发展协调性差；整县光伏开发覆盖面广，存在进一步延伸扩展为供电网络的可能，冲击现存的供电秩序；电动汽车充换电设施缺乏统一的规划布局，充电价格引导机制暂未出台，尚无法通过弹性充电价格机制协调有序充电。

（2）价格形成机制有待理顺。其一，现阶段输配电价核价以提升配电网对分布式电源的消纳率为约束，电网承担的光伏并网投入、备用、兜底沉没成本无法纳入输配电价核价，公司经营压力加剧；其二，分布式发电市场交易规则仍不成熟，对过网费电压价差测算的模式本质是电网企业让利补贴特定的电源和用户；其三，需求侧响应补贴激励机制、尖峰电价机制、光伏配储能参与辅助服务等配套市场化运作机制不完善；其四，储能价格机制不健全，电网侧替代性储能设施、用户侧辅助服务成本无法疏导。

（3）源网荷储一体化服务商业模式亟待探索。当前受制于技术、资金等方面压力，能源服务商倾向于发展技术要求相对较低、模式相对成熟的单体式能源服务。对于多能协同一体化供应、绿色能源系统等技术要求高、能够大幅提升终端能源能效的集成式业务投入热情较低。同时工业企业、园区、大型公共建筑等属于重资产投资，具有初始投资大、回收周期长、投资回报不高等特点，市场主体尚有顾虑。

1.2.2 新型电力系统配电网的形态和特征

随着新型电力系统的加快推进，传统配电网逐步向新型电力系统配电网转型，在能量配置方面，海量分布式新能源广泛接入，电动汽车等能源消费形态变得多样化，终端能源消费的清洁化占比不断提升，需要进一步增强配电网的能量优化配置枢纽作用；在能源服务方面，供电服务形态多元化、个性化转变，客户服务品质诉求不断升级，需要进一步提升配电网作为供电服务基础平台的作用。建设新型电力系统配电网，将配电网打造成为能量配置枢纽和能源服务平台，是实现能量优化配置与供电服务升级的重要路径。

新型电力系统配电网在物理形态、数字形态、商业形态三个方面全面升级，并具有高可靠、高聚合、高融合、高品质四大特征。

1. 新型电力系统配电网的三大形态

（1）物理形态。配电网将从单向逐级辐射网络向双向有源、分层分群、多态并存网络转变，呈现出"分层分群协同化、潮流分布概率化、源网荷储一体化"形态。

（2）数字形态。配电网将从各专业分散独立采传存用模式向全环节集约采集、透明共享、协同控制、业务融合转变，呈现出"业务融合协同化、运行控制智能化、电网全景透明化"形态。

（3）商业形态。配电网将从计划为主、价格管制向市场驱动、主体多元、品种多样、互利共赢转变，呈现"市场主体多元化、交易品种多样化、价值实现多重化"形态。

新型电力系统配电网的三大形态见图 1-1。

2. 新型电力系统配电网的"四高"特征

（1）供电高可靠。物理电网坚强可靠，具备防御极端灾害能力。以高层次的规划建设标准为引领，以高水平的装备为基础，构建标准清晰、强简有序、多元支撑的坚强配电网架，支撑配电网安全可靠优质供电；打造防御极端灾害的保底配电网，满足配电系统在复杂外部环境下的电能稳定保供，实现配电网不停电。

（2）源荷高聚合。具备对多元分布式源荷要素的灵活承载、高效消纳能力。以供电能力充足的交流配电网为基础，发展分布式智能电网、交直流混合、配微协同的多形态组网，统一分布式源荷接入技术标准及交互标准，支撑新能源就近高效消纳；构建数据存储交互架构和异构融合通信网络，强化信息通信系统对海量数据的承载与传输能力，支撑配电网调控、运检、交易等海量业务高效运作。

（3）信息高融合。配电网感知和运行控制体系优化完善，物理与信息系统实现融合协控，具备资源优化配置能力。以全要素、全息感知的智慧物联体系为基础，以"云大物移智链边"等先进数字技术为手段，支撑配电网全环节可观可测、可调可控；强化配电网调度运行灵活能力建设，实现多层级分散源、荷、储资源优化配置；构建由主网至配微电网的联动机制，建立源网荷储协同控制体系，提升多维度系统调节能力与聚合能力，实现配电网分

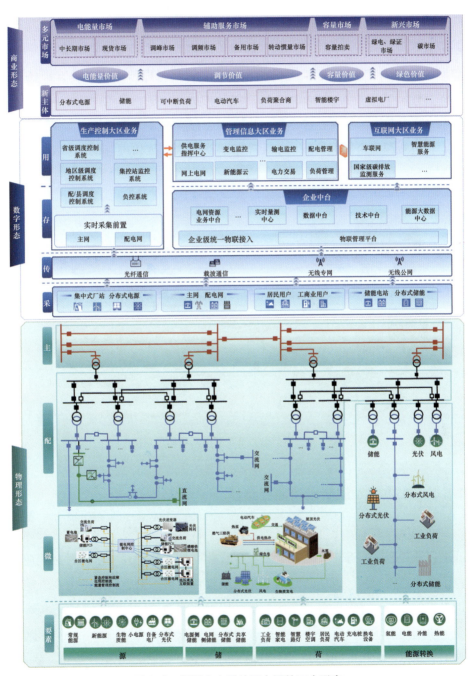

图 1-1 新型电力系统配电网的三大形态

层分级平衡。

（4）服务高品质。商业模式、市场机制完善，多能融合业务广泛开展，具备支撑多元主体灵活交易、优质服务的能力。深化配电物联网建设，构建智能、互动、透明配电网，配合高效抢修、快速复电的现代运维管理体系，为客户提供"少停电、不限电、供好电"的优质电能；打造高能级配电网平台和公平开放市场环境，建立配电网多元主体参与多类型能源交易的商业模式，促进能源交易便捷高效、电力市场各类要素深度协同互动。新型电力系统配电网结构示意图见图1-2。

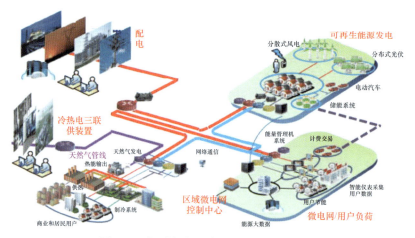

图1-2　新型电力系统配电网结构示意图

1.2.3　配电网发展阶段及演变路径

新型电力系统配电网定位长远、内涵丰富，是一项复杂的系统工程，需要循序渐进有序推进。按照社会主义现代化强国战略路径要求，考虑能源转型下分布式新能源、新型储能等新要素规模化发展态势，新型电力系统配电网将以保障安全可靠供电为基本前提、以承载能源清洁转型为重要目标、以服务多元用能需求为重点方向、以数字化智慧化升级为基础支撑，按照加速转型、总体形成和巩固提升三个阶段有序推进。建成"安全、绿色、透明、开放"的新型电力系统配电网，提升配电网的"韧性""弹性""柔性"。

（1）加速转型阶段。重点提升配电网安全韧性水平，夯实新型电力系统配电网建设基础。以消除电网薄弱问题、合理提升供电能力、优化骨干网架结构、提升防灾抗灾能力、加快推进配电网二次系统"采传存用"各环节建设、提高故障自愈水平为重点，夯实配电网安全发展基础。同时，着力开展微电网、新型储能、虚拟电厂试点示范工作，初步建立主配微协同调控机制及能源互联网市场平台，攻克一批重大技术、核心装备、标准规范，积累一批重要试点经验。

（2）总体形成阶段。重点提升配电网高可靠、高聚合、高融合、高品质四大能力，基本建成新型电力系统配电网。在保障安全供电的基础上，实行清洁转型、智慧升级，以服务分布式新能源有序开发、储能规模化发展、提升需求侧调节能力、全面建成可信可控配电通信网络、构建源网荷储互动-区域自治平衡-主配微协同的调控体系、健全多元互动市场机制和市场体系、初步形成开放共享的能源互联网生态环境为重点，全面提升清洁转型承载能力、数字智能支撑能力。

（3）巩固提升阶段。重点升级配电网服务柔性水平，全面建成新型电力系统配电网。以构建能源互联网为重点，进一步广泛应用"云大物移智链边"等先进新技术，建成多平台接入、多主体互动、多要素聚集的多元互动服务平台，实现社会-能源-电力高度协同、多元市场主体柔性互动，以及价值共创、共享、共赢；形成较为完备的、符合中国国情的技术及体制机制标准体系，并推动实现国际化，引领世界能源互联网发展。

2 配电网构成新要素

随着能源结构的转型和智能电网的发展，配电网的构成要素也正在发生改变。配电网作为电力系统的末梢，直接面向电力用户，其构成要素的多样性、稳定性和可靠性直接影响到电力供应的质量和效率。本章将详细介绍配电网的新构成要素，分别是分布式电源、电动汽车、分布式储能和微电网，并分析关键技术的发展情况、产品模式及对配电网的影响。

2.1　分布式电源

分布式电源是指分布在用户端，接入 35kV 及以下电压等级电网，以就地消纳为主的电源。随着新型电力系统配电网的持续转型升级，配电网分布式电源接入呈现多样化的特点，接网的分布式电源有分布式光伏、分散式风电等不同类型。

2.1.1　分布式光伏

分布式光伏是指利用太阳能资源，在用户附近建设小型光伏发电系统，直接向配电网提供电能的一种可再生能源利用形式，具有分散、灵活、高效的特点。

2.1.1.1　技术发展现状及趋势

逆变器和光伏电池是光伏发电的两大组件，其技术发展现状及趋势情况如下：

1. 逆变器的技术趋势

光伏逆变器方面，其硬件高速发展，SiC 半导体功率器件、性能优异的数字信号处理器（digital signal processor，DSP）控制芯片等各种新型器件及新型拓扑逐步应用，核心器件国产化替代进程加快。

逆变器功率加大，功率密度加大，电压等级升高，效率提高，预计到2030 年，集中式逆变器的主流额定功率将由目前的 3.3MW 达到 6.25MW，功率密度将由目前的 1.18kW/kg 达到 1.65kW/kg；组串式逆变器的主流额定功率将由目前的 320kW 达到 400kW，功率密度将由目前的 2.39kW/kg 达到3.5kW/kg；2000V 及更高电压等级的光伏逆变器也在研制当中，目前逆变器的最大效率已经达到 99.02%，下一个目标是 99.5%。

逆变器电网适应性不断增强，各种保护更加完善，具备漏电流保护、直流分量保护、绝缘阻抗检测保护、PID（比例、积分和微分控制系统）防护、防雷保护、正负反接保护等功能。环境适应能力不断提高，随着沿海、沙漠、高原等各种恶劣环境下的光伏电站应用增多，逆变器的抗高温、抗腐蚀性、抗风沙等环境适应性能应不断提高，以确保恶劣环境下的高可靠性。系统集成度进一步提高，集成逆变器、中压变压器的一体化解决方案可以将系统简化到极点，同时降低成本，方便使用，提高效率，提高可靠性。智能化水平的提高，可实现智能最大功率点跟踪、智能防孤岛、智能组串监测、智能 I-U 曲线扫描诊断、智能防 PID 效应、智能风冷、智能恢复并网、智能无功补偿等功能。电网主动支撑能力提升，根据光伏逆变器的四象限运行特性，通过控制策略的改进来提供一定的无功支撑，实现主动配电网的动态电压恢复，可以有效提升配电网的短期电压稳定性。

2. 光伏电池技术趋势

光伏晶硅电池技术是以硅片为衬底，根据硅片的差异区分为 P 型电池和N 型电池。P 型电池和 N 型电池的主要制备过程的区别是：P 型硅片是在硅料中掺杂硼元素制成；N 型硅片是在硅材料中掺杂磷元素制成，使其具有额外的自由电子。在技术路径方面，P 型电池主要包括常规铝背场电池（BSF）和钝化发射极和背面电池（PERC）；N 型电池的制备技术主要包括隧穿氧化层钝化接触电池（TOPCon）、本征薄膜异质结电池（HJT）、背电极接触电池（XBC），以及基于不同技术形成的光伏电池类型。

目前，以 PERC 技术为主的 P 型光伏产品仍占市场主导地位，但 PERC技术面临降本增效的瓶颈。2022 年规模化生产的 P 型单晶电池均采用 PERC

技术，平均转换效率达到 23.2%，已逼近 PERC 电池理论转换效率极限的 24.5%，同时，N 型电池更高的转换效率优势进一步凸显。N 型电池通过电子导电，且对铜、铁等金属杂质有较高的容忍度，使得 N 型电池少子寿命比 P 型硅片少子寿命高，没有硼氧复合体带来的光衰，因此光电转换效率更高。截至 2022 年，N 型 TOPCon 电池平均转换效率达到 24.5%，HJT 电池平均转换效率达到 24.6%，XBC 电池平均转换效率达到 24.5%。以上 N 型电池平均转换效率均高于 PERC 电池，并且未来的效率提升空间大，随着国产化设备成本不断降低，N 型电池预计将成为未来光伏电池技术的主要发展方向。

TOPCon 与 HJT 是目前 N 型电池技术进程推进相对较快的两类。TOPCon 具有以下优势：

高转换效率：主流 TOPCon 厂商称量产电池转换效率约为 25.0%，相较于 PERC 的 23.5% 高出约 2%。

低衰减率：TOPCon 组件首年衰减率约 1%，低于 PERC 的 2%。低温度系数：TOPCon 组件的功率温度系数低至 −0.30%/℃，较 PERC 组件温度系数 −0.34%/℃ 更低，使得 TOPCon 在高温环境下的发电量尤为突出。

高双面率：TOPCon 双面率可达 80%，PERC 为 70% 左右，大基地集中式电站项目地面反射率较高，使用具备高双面率的 N 型组件发电增益明显。HJT 具有产品转换效率高、低光衰、双面率高、弱光响应高等优点。目前，HJT 理论极限转化效率为 28.5%，大幅高于 PERC 的 24.5%。

2.1.1.2　应用场景

分布式光伏开发场景根据安装位置的不同，主要包括建筑附着（屋顶）分布式光伏、建筑一体化分布式光伏、农光互补分布式光伏、渔光互补分布式光伏、荒地（滩涂）分布式光伏等。

1. 建筑附着（屋顶）分布式光伏

建筑附着（屋顶式）分布式光伏主要安装于建筑物屋顶，包括工商业建筑屋顶、党政机关建筑屋顶、医院屋顶、学校屋顶、居民住宅屋顶等。屋顶资源丰富，可利用面积在分布式光伏发展场景中占比最高，以山东为例，屋顶分布式光伏占分布式光伏总容量的 87%。建筑附着（屋顶式）分布式光伏开发场景见图 2-1。

（a）混凝土厂房屋顶分布式光伏　　　　（b）农村屋顶分布式光伏

图 2-1　建筑附着（屋顶式）分布式光伏开发场景

2. 建筑一体化分布式光伏

建筑一体化分布式光伏不同于建筑附着分布式光伏，是一种将太阳能发电（光伏）产品集成到建筑上的技术。光伏建筑一体化分布式光伏见图 2-2。

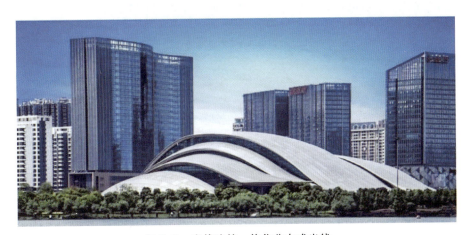

图 2-2　光伏建筑一体化分布式光伏

3. 农光互补分布式光伏

农光互补分布式光伏主要安装于农业生产大棚、养殖棚舍屋顶，其中农业生产大棚包括连栋式大棚、独栋式大棚、附加式大棚、敞开式大棚等。农业生产大棚分布式光伏开发场景见图 2-3。

图2-3 农业生产大棚分布式光伏开发场景

在保温性能要求不高时，光伏组件可直接做棚舍屋顶的围护材料，组件之间缝隙采用密封条及结构胶做防水处理。养殖棚舍屋顶分布式光伏开发场景见图2-4。

图2-4 养殖棚舍屋顶分布式光伏开发场景

4. 渔光互补分布式光伏

渔光互补分布式光伏主要与渔业生产相结合，漂浮于水面，能够解决土地缺乏的困境，但造价相对偏高。渔光互补分布式光伏开发场景见图2-5。

5. 荒地（滩涂）分布式光伏

利用农村闲置荒地或者空闲区域开发的地面分布式光伏。目前主要应用场景为光伏扶贫项目。地面分布式光伏开发场景见图2-6。

图2-5 渔光互补分布式光伏开发场景

图2-6 地面分布式光伏开发场景

2.1.2 分散式风电

分散式风电是位于用电负荷中心附近，不以大规模远距离输送电力为目的，所产生的电力就近接入电网，并在当地消纳的风电项目。分散式风电是中国风电"三驾马车"之一，相较于大型基地，分散式风电单体规模小、建设周期短，是最灵活的风电开发模式。2021年，国家能源局正式提出"千乡万村驭风计划"，释放出大力推进分散式风电开发的政策引导信号。当年5

月，国家发展改革委、国家能源局印发《关于促进新时代新能源高质量发展的实施方案》（国办函〔2022〕39号），提出将推动风电项目由核准制调整为备案制，这将简化项目审批流程，打破掣肘分散式风电发展的一大壁垒。

2022年，中国分散式风电新增装机802.7万kW，同比猛增702%；累计装机996.3万kW，同比增长414.6%。2022年6月，《"十四五"可再生能源发展规划》再度强调"千乡万村驭风行动"，提出以县域为单元大力推动乡村风电建设，推动约100个县、约10000个行政村的乡村分散式风电开发。2023年，多省推行分散式风电发展方案，在工业领域，支持在具备条件的工业企业、工业园区加快发展分散式风电，广大农村县域也成为分散式风电的开发热土。除工业园区和乡间地头，经济开发区、油气矿区、荒山丘陵、沿海滩涂等成为分散式风电推进的重点区域。

2.1.2.1 技术发展现状及趋势

分散式风电是位于用电负荷中心附近，不以大规模远距离输送电力为目的，所产生的电力就近接入电网，并在当地消纳的风电项目。分散式风力发电的原理，是利用风力带动风车叶片旋转，再透过增速机将旋转的速度提升，来促使发电机发电。系统主要由风力发电机、蓄电池、控制器、并网逆变器组成，依据现有风车技术，大约是3m/s的微风速度（微风的程度）便可以开始发电，从技术角度可以分为恒速恒频和变速恒频两种类型。

1. 恒速恒频技术

当风力发电机与电网并联运行时，要求风力发电机的频率与电网频率保持一致，即恒频。恒速恒频是指在风力发电过程中，保持发电机的转速不变，从而得到恒定的频率。采用的恒速恒频发电机存在风能利用率低、需要无功补偿装置、输出功率不可控、叶片特性要求高等不足，是制约并网风电场容量和规模的重要因素。

2. 变速恒频技术

变速恒频是指在风力发电过程中发电机的转速可随风速变化，通过其他控制方式来得到恒定的频率。变速恒频发电是20世纪70年代中后期逐渐发展起来的一种新型风力发电技术，通过调节发电机转子电流的大小、频率和相位，或变桨距控制，实现转速的调节，可在很宽的风速范围内保持近乎恒定的最佳叶尖速比，进而追求风能最大转换效率；同时又可以采用一定的控制策略灵活调节系统的有功、无功功率，抑制谐波、减少损耗、提高系统效率，因此可以大大提高风电场并网的稳定性。尽管变速系统与恒速系统相比，风电转换装置中的电力电子部分比较复杂和昂贵，但成本在大型风力发电机组中所占比例并不大，因而发展变速恒频技术将是今后风力发电的必然趋势。

2.1.2.2 应用场景

1. 小型涡轮风机

减少风力发电机噪声污染是重要技术的发展方向之一。住宅、工厂等建筑物屋顶是分散式风力发电机的主要安装地点，因此噪声是推广分散式风力发电机需要解决的问题。针对噪声问题，以色列科学家研发出的一款超小型风力发电机，将流体动力学和其独创的空气动力学技术相结合，制造出了以超低速启动的小型垂直轴风力涡轮机。这类风力发电机产生的噪声极低，在5m范围内噪声不超过25dB，并且具有发电效率高的优点，最小启动风速只需1m/s，在风速达到2m/s时即可发电，一年可产生电能1000kWh。以色列郁金香小型涡轮风机外观见图2-7。

图2-7 以色列郁金香小型涡轮风机外观

2. 风力发电面板

英国可再生能源公司 Katrick Technologies 设计了一种独特的风力发电面板

系统，可利用来自地面和低空环境的风能生产可持续能源。与传统涡轮机相比，这些面板使用更广泛的风频和风速，使用单独作用的翼型来捕获动能并将其转化为绿色电力。风力发电板中包含多层机翼，不同尺寸的机翼增加了和风接触的表面积，当风穿过面板时，它们会独立振荡，产生能量，然后可以将其转化为可持续的电力。在实践中，风力发电面板可以安装在跑道附近、路边或建筑物顶部。此外，由于风力发电面板具有较小的尺寸和模块化配置，它们还可以与现有陆上风电场等新建场地互补，最大限度地发挥场地的发电潜力。研究表明，该技术每年每 10kW 额定面板阵列可产生高达 22000kWh 的电力。风力发电面板外观见图 2-8。

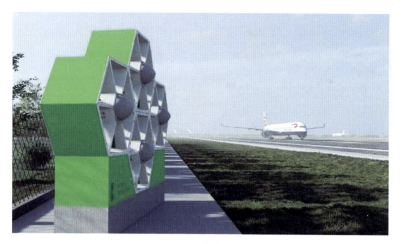

图 2-8 风力发电面板外观

3. 屋顶无叶片风能装置

此外，美国休斯顿大学的附属公司 Aeromine Technologies 也设计了一种创新性的屋顶无叶片风能装置，该系统已通过与阿尔伯克基的桑迪亚国家实验室和得克萨斯理工大学的联合研究得到验证，可轻松安装在建筑物的边缘，并且可以在与屋顶太阳能相同的成本下产生多达 50% 的能量，同时仅只需太阳能电池板所需屋顶空间的 10%。该系统由多个静止的、静音的单元组成，这些单元采用专利空气动力学设计，可在低至 5km/h 的风速下捕获并放大建筑气流，类似于赛车上的翼型。目前，该装置在美国密歇根州怀恩多特的制造厂进行测试。无叶片风力发电装置外观见图 2-9。

图 2-9　无叶片风力发电装置外观

2.1.3　生物质能发电

生物质能发电技术是以生物质及其加工转化成的固体、液体、气体为燃料的热力发电技术，其发电机可以根据燃料的不同、温度的高低、功率的大小分别采用煤气发动机、斯特林发动机、燃气轮机和汽轮机等。我国生物质资源丰富，主要包括农业废弃物、林业废弃物、畜禽粪便、城市生活垃圾、有机废水和废渣等，每年可作为能源利用的生物质资源总量相当于约 4.6 亿 t 标准煤。

2019 年，全球生物质发电装机容量从 2018 年的 1.31 亿 kW 增加到约 1.39 亿 kW，增长约 6%。年发电量从 2018 年的 5460 亿 kWh 增至 2019 年的 5910 亿 kWh，增长约 9%，增长主要集中在欧盟和亚洲，特别是中国。中国《生物质能发展"十三五"规划》提出至 2020 年，生物质发电总装机容量应达到 1500 万 kW，年发电量 900 亿 kWh。截至 2019 年底，中国生物发电装机容量从 2018 年的 1780 万 kW 增长到 2254 万 kW，年发电量超过 1110 亿 kWh，超出了"十三五"规划目标。近年来我国生物质发电产能增长的重点是将农林废弃物和城市固体废物用于热电联产系统，为城市地区提供电力和热能。

2.1.3.1　技术发展现状及趋势

生物质发电技术根据工作原理可划分为生物质直燃发电技术、生物质气化发电技术和生物质耦合发电技术三大类。

1. 生物质直燃发电技术

生物质直接燃烧发电在原理上与燃煤锅炉火力发电十分类似，即将生物质燃料（农业废弃物、林业废弃物、城市生活垃圾等）送入适合生物质燃烧的蒸汽锅炉中，利用高温燃烧过程将生物质燃料中的化学能转化为高温、高压蒸汽的内能，通过蒸汽动力循环转化为机械能，最终通过发电机将机械能转变为电能。基于目前生物质直燃的发电机组，按照工程实践中使用比较多的炉型可主要分为层状燃烧技术和流态化燃烧技术两种。但由于生物质尤其是农业废弃物碱金属和氯含量普遍较高，燃烧过程中存在高温受热面积灰、结渣和腐蚀等问题，国内外生物质锅炉蒸汽参数多在中温中压范围，发电效率不高，生物质层燃直燃发电的经济性制约了其健康发展。

2. 生物质气化发电技术

生物质气化发电采用特殊的气化反应器，把生物质废弃物，包括木料、秸秆、稻草、甘蔗渣等转换为可燃气体，产生的可燃气体再经过除尘除焦等净化工序后，送到燃气轮机或内燃机进行发电。目前常用的气化反应器可以划分为固定床气化炉、流化床气化炉和气流床气化炉。生物质气化发电规模小的时候经济性较好，成本低，适合农村偏远分散地区，对于补充我国能源供应具有重要意义。需要解决的主要问题是生物质气化产生的焦油问题，气化过程产生的气体焦油遇冷会形成液态焦油，造成管道堵塞，影响发电设备无法正常运行。

3. 生物质耦合发电技术

目前最有效降低燃料成本的方式是生物质与燃煤耦合发电。2016 年国家下发了《关于燃煤耦合生物质发电技改试点项目建设的通知》（国能发电力〔2018〕53 号），大大促进了生物质耦合发电技术的研究和推广。直接燃烧耦合是一种可大规模实施、性价比高、投资周期短的利用方式，在耦合比例不高时燃用生物质带来的燃料处理、存储、沉积、流动均匀性及其对锅炉安全性和经济性产生的影响都已在技术上得到解决或控制。间接燃烧耦合技术将生物质和煤分别进行处理，对生物质种类适应性强，单位发电量生物质消耗少，节省燃料，能够一定程度上解决生物质直接燃烧过程中碱金属腐蚀、锅炉易结焦等问题，但工程可扩展性差，不适用于大型化锅炉。由于间接燃烧方式生物质耦合发电量计算较为可靠，因此基于循环流化床气化的间接燃烧耦合发电是我国目前生物质耦合发电应用的主导技术。

2.1.3.2 应用场景

1. 城市垃圾发电

垃圾焚烧发电最符合垃圾处理的减量化、无害化、资源化原则。此外还有一些其他方式。例如，1992 年加拿大建成第一座下水道淤泥处理工厂，把干燥后的淤泥在无氧条件下加热到 450℃，使 50% 的淤泥气化，并与水蒸气混合转变成为饱和碳氢化合物，作为燃料供低速发动机、锅炉、电厂使用。城市垃圾发电项目厂房见图 2-10。

图 2-10　城市垃圾发电项目厂房

2. 生物质燃气发电

生物质燃气发电系统主要由气化炉、冷却过滤装置、煤气发动机、发电机四大主机构成，其工作流程为：首先将生物燃气冷却过滤送入煤气发动机，将燃气的热能转化为机械能，再带动发电机发电。

3. 沼气发电

沼气发电系统分为纯沼气电站和沼气-柴油混烧发电站。按规模，沼气发电站可分为 50kW 以下的小型沼气电站、50~500kW 的中型沼气电站和 500kW以上的大型沼气电站。沼气发电系统主要由消化池、气水分离器、脱硫塔、储气柜、稳压箱、发电机组（即沼气发动机和沼气发电机）、废热回收装置、控制输配电系统等部分构成。沼气发电系统的工艺流程首先是消化池产生的沼气经气水分离器、脱硫塔净化后，进入储气柜，再经稳压箱进入沼气发动机驱动沼气发电机发电。发电机所排出的废水和冷却水所携带的废热经热交换器回收，作为消化池料液加温热源或其他热源再加以利用。发电机所产生的电流经控制输配电系统送往用户。沼气发电项目见图 2-11。

图 2-11　沼气发电项目

2.1.4　海洋能发电

　　海洋能的应用以波浪能分布式电源为代表。波浪能是一种可再生能源，利用海洋表面的波浪运动来产生电能。波浪是由风力在海洋上产生的涌动水体，而波浪能则是通过捕捉和转化这种波浪运动中的机械能来产生电力。

2.1.4.1　技术发展现状及趋势

　　我国沿岸波浪能资源理论平均功率约 1285 万 kW，具有良好的开发应用价值，建立波浪能发电系统发展潜力巨大。波浪能发电机通过波浪退去时的减压作用，推动气体驱动涡轮机发电。摆锤装置是利用波浪的偏移运动产生动能的一种技术。通过将摆锤安装在一个可倾斜的支架上，当波浪经过时，摆锤会根据波浪的力量来回摆动，而这种摆动运动将推动涡轮机产生电能。

　　波浪能的转换一般有三级。第一级为波浪能的收集，通常采用聚波和共振的方法把分散的波浪能聚集起来。第二级为中间转换，即能量的传递过程，包括机械传动、低压水力传动、高压液压传动、气动传动，使波浪能转换为有用的机械能。第三级转换又称最终转换，即由机械能通过发电机转换为电能。

2020年，"南海兆瓦级波浪能示范工程"首台500kW鹰式波浪能发电装置"舟山号"正式交付，创新采用了鹰式波浪能发电装置，"舟山号"的结构从功能上可以分为俘获系统、能量转换系统、监控系统、锚泊系统。

俘获系统包括鹰头吸波浮体和半潜船体。鹰头吸波浮体通过支撑臂铰接在半潜驳上，除了允许吸波浮体通过支撑臂绕铰链往复旋转运动做功外，其他降低波浪能俘获量的运动都得到了有效抑制。吸波浮体的设计目标与半潜船体相反，要求其质量小、惯性小、反应敏捷、随浪性好。为了实现对波浪的敏捷反应，提高波浪能的俘获效率，鹰头吸波浮体采用特殊的外形结构，以达到正面吸收波浪，背面不造波的效果。半潜船体是鹰式波浪能装置的主体结构，可搭载鹰头吸波浮体与设备。非工作状态时，半潜船体有足够的浮力，漂浮于水面上，可在江中或海中航行。工作时，半潜船体潜入水中，作为阻尼基座，可有效防止装置基体随波浪高频垂荡、纵荡和纵摇。

能量转换系统包括二级能量转换系统和三级能量转换系统。鹰式波浪能装置的二级能量转换系统采用液压系统（主要由液压转换系统、蓄能稳压系统、液压自治控制系统组成），将浮子的往复机械能转换为液压能，再转换为发电机的旋转机械能。三级能量转换系统（即发电系统）由发电机、变换电路、负载组成。液压转换系统的核心元件通常是液压缸；鹰式"舟山号"波浪能装置采用双出杆的液压缸，安装在吸波浮体与半潜船体之间。

"舟山号"的能量传递采用液压转换，起起伏伏的波浪推动装置的鹰头部分上下开合，连接到鹰头部分的液压缸就会产生往复运动。通过液压缸向液压系统内部的蓄能装置打油，波浪能就转换成液压能并存储起来。当液压能储存到一定值时，蓄能系统的压力会被控制系统接收到，并自动打开液压系统内的阀门进行液压油释放。阀门打开后，带着巨大能量的高压油液就会冲击液压马达并使之转动，液压马达的转动再驱动发电机发电。直到蓄能系统内部液压油压力降到研究人员设定的阀门关闭的压力值，这时控制系统又会自动将阀门关闭，油液释放停止，开始进入下一个发电循环。发出的电再经过逆变器、变压器等电力变换设备，可在海上独立稳定输出 10kV、3kV、380V、220V 及 24V 标准电力。鹰式波浪能装置的发电原理示意图如图 2-12 所示。

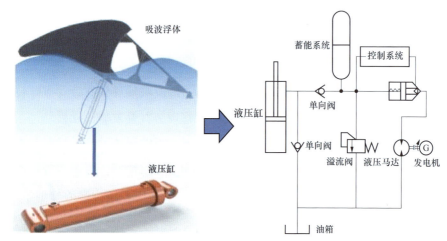

图 2-12　鹰式波浪能装置的发电原理示意图

波浪能发电技术具有巨大潜力。它是一种可再生、持续且广泛分布的资源，具有较高的能量密度和稳定性。然而，目前仍面临技术成熟度和设备制造成本等挑战。不过，随着对清洁能源需求的日益增长，波浪能作为一种可替代传统能源的能源形式正逐渐受到更多关注和研究。

2.1.4.2　应用场景

海洋能分布式电源发电的典型应用场景有以下几个方面：

（1）解决海岛供电问题：对于远离大陆的海岛，海洋能发电可以提供稳定和可持续的电力供应，解决海岛的能源问题。例如，中国的"澎湖号"半潜式波浪能养殖平台，不仅提供了电力，还结合了养殖功能，推动了海洋养殖向深远海、绿色、智能化转型升级。

（2）作为沿海地区电力供应补充：海洋能发电可以提供清洁能源，减少对化石燃料的依赖，特别是在一些电网不稳定或难以覆盖的地区，海洋能发电可以作为有力补充发挥重要作用。

（3）构建多能互补系统：海洋能可以与其他可再生能源（如太阳能、风能）结合，形成多能互补系统，提高能源供应的稳定性和可靠性。

随着技术的进步和成本的降低，海洋能分布式电源发电的应用场景将更加多样化，为全球能源转型和应对气候变化做出更大贡献。

2.1.5 分布式电源接入对配电网的影响

1. 分布式电源规模化上送导致设备反向重过载

由于高比例分布式电源接入，区域变电站或台区负荷曲线将呈现峰谷"反转"，各层级潮流无序穿越，给新能源的就地消纳及电网降损工作带来新的压力。

如分布式光伏在夏季光照强烈时刻电力集中上送问题严重，向台区甚至10kV线路反供电流，造成台区反向重过载。福建龙岩某配电变压器负荷曲线如图 2-13 所示，在午间光伏发电高峰，台区出现反向过载现象，最大反向负载率达到 103.4%。

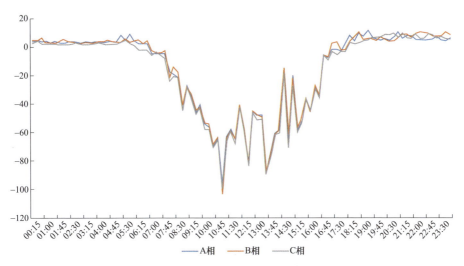

图 2-13 福建龙岩某配电变压器负荷曲线

2. 引发过电压、三相不平衡、谐波等电能质量问题

分布式电源大规模接入给配电网带来了过电压、三相不平衡、谐波等一系列问题。

（1）过电压问题。如户用分布式光伏往往出口电压较高，在分布式电源出力大于用电负荷时，除了导致大量电力倒送至上级电网，还将导致并网节点的电压抬升，引发局部过电压等问题。

如福建泉州某配电变压器容量400kVA，接入该配电变压器的分布式电源为光伏，总装机达323.2kW，装机渗透率为80.8%，台区电压在午间时刻明显抬升，最高达到243V，超过规定上限，不满足电压质量要求。台区电压曲线见图2-14。

图2-14　台区电压曲线

（2）三相不平衡问题。经单相接入的分布式电源可能引起配电网电压三相不平衡的问题。如福建三明某配电变压器三相电流曲线中，全天三相不平衡度达62.4%，最大不平衡度达75.1%。台区电流曲线见图2-15。

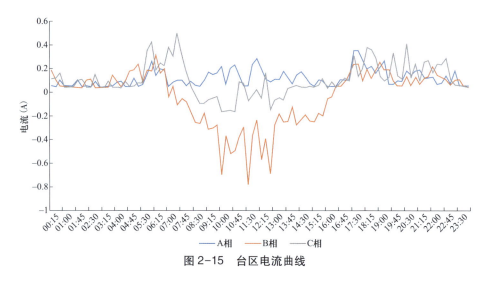

图2-15　台区电流曲线

（3）谐波问题。分布式电源均经由逆变器并网，在运行过程中，逆变器输出交流电压电流中的高次谐波注入配电网。如福建福州某台区，因分布式电源接入监测到台区 3 次谐波超 18%。台区谐波曲线图见图 2-16。

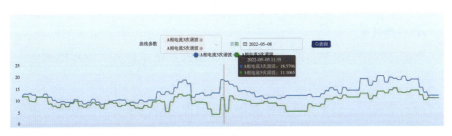

图 2-16　台区谐波曲线图

3. 影响保护装置的正常动作

传统配电网的保护装置适用于单向潮流的辐射状系统，但分布式电源接入后，潮流转变为双向。目前变电站 10kV 馈线的保护装置多按单向潮流配置，潮流反送后存在保护无法正常动作的问题。

4. 影响配电网线损

分布式电源的位置、网络拓扑结构，以及出力与负荷的匹配程度都会对线路损耗产生影响。分布式电源出力与负荷的匹配程度是最重要的影响因素，当分布式电源出力小于区域总负荷时，配电网的线损会减少；当分布式电源出力大于区域总负荷时，配电网的线损会增加。

2.2　多元化负荷

2.2.1　电动汽车充电设施

电动汽车是基于车载电源动力，实现车辆行驶，且与道路交通及其相关安全法规相吻合的一种车型，内含蓄电池、电流、电力调节装置、电动装置、动力传动运行系统等模块。

我国大力提倡能源节约及低碳减排各项倡议，使电动汽车呈良好发展态势。因电动汽车属于新能源类型汽车，环保节能优势显著，将成为未来主流发展趋势。

2.2.1.1 技术发展现状及趋势

新能源汽车采用的先进技术主要有电池技术、驱动系统技术、充电技术、智能控制技术及材料技术等，这些技术都在不断地革新，对新能源汽车技术的发展和普及起到了很大的推动作用。

1. 充电技术

当前，新能源汽车充电技术可以划分为直流快充技术、交流缓冲技术和无线充电技术三大类。

（1）直流快充技术。直流快充技术是目前电动汽车充电领域的主要发展方向之一。这项技术能够大幅度缩短充电时间，提高充电效率。典型的直流快充技术是通过使用功率较高的充电设备，在较短时间内将直流电能输送至电动汽车电池组，从而实现快速充电。目前，国内外各大厂商都在积极推广直流快充技术，从而解决电动汽车充电时间长的问题。

（2）交流缓冲技术。除了直流快充技术外，交流缓冲技术也是电动汽车充电的一种主要方式。这种技术相对直流快充技术而言，充电速度较慢，但也能满足日常充电需求。交流缓冲技术主要通过充电桩提供电能，充电桩将市电的交流电能转化为电动汽车所需的直流电能，然后再输入电动汽车电池组进行充电。这种技术相对成本较低，适合用于家庭充电等场景。

（3）无线充电技术。无线充电技术是电动汽车充电技术的一个新兴领域，其优势在于无须使用充电线缆，提供了更为便捷和安全的充电方式。无线充电技术主要通过电磁感应原理，在充电桩和电动汽车之间建立磁场共振耦合，从而实现电能的传输。目前，无线充电技术已经在世界范围内进行了实际应用，并取得了一定的成效。但是，该技术仍然存在效率较低、成本较高等问题，需要进一步研发和改进。

2. 车网互动技术

车网互动（V2G）技术是指电动汽车在电网低负荷时吸纳电能，在电网高负荷时释放电能，从而实现电动汽车与电网经济、智能互动的技术。V2G技术的应用不仅能够实现电力在车辆和电网之间的双向交流，缓解电网负荷压力，维持电网电力交互平衡，还能提高可再生能源消纳水平和电网电能质量，助力维护电网系统的安全稳定运行和解决可再生能源消纳问题。

我国的 V2G 技术研究和开发项目已经开始进入试点研究阶段，主要聚焦于电动汽车移动储能、电动汽车有序充电策略、电动汽车参与电网调频、需求响应、源网荷储协同互动、虚拟电厂等方面。

基于充电桩的电动汽车 V2G 技术主要关注电网中的电动汽车集群统一管理和调度，连接电网中所有车辆动力电池，通过储能充放电实现电网削峰填谷。在该模式下，V2G 将电动汽车的电池视作并网储能设备，而不仅仅是电网上的负载，通过双向或单向潮流实现车辆和电网的互联。在微电网环境下，V2G 技术可以为可再生能源的就地消纳和稳定并网提供支持，降低接入负荷和可再生能源波动对电网的危害，为智慧城市的"车-桩-网"一体化运行提供技术支持。

2.2.1.2 应用场景

根据充电桩输出端（即车辆的输入端）的电流类型，可将充电桩划分为交流充电桩和直流充电桩。

1. 交流充电桩

交流充电桩通常充电功率较小，市场上常见的交流充电桩功率一般为 3.5 ~ 7kW，需要充电 8 ~ 10h 才能将电池充满。交流充电桩需要借助车载充电机来给电动汽车充电，为家用设备，通常安装在车库或停车位上。

根据《电动汽车传导充电用连接装置　第 2 部分：交流充电接口》（GB/T 20234.2—2015），单相充电接口最大额定电流为 32A，最大充电功率为 7kW；三相充电接口最大额定电流为 63A，最大充电功率为 24kW。

交流充电桩见图 2-17。

2. 直流充电桩

直流充电桩通常充电功率较大，一般充电功率在 30 ~ 380kW，固定设置在电动车外，与交流电网连接，三相四线 380V 稳定频率为 50Hz，直接为电动汽车电池提供直流电源，通常只需要 1.5 ~ 3h 就可以将电池充满。

根据《电动汽车传导充电用连接装置　第 3 部分：直流充电接口》（GB/T 20234.3—2023），自然冷却条件下，充电接口最大额定电压、额定电流分别为 1500V、300A，最大充电功率为 450kW；主动冷却条件下，充电接口最大额定电压、额定电流分别为 1500V、800A，最大充电功率为 1200kW。直流充电桩见图 2-18。

图 2-17　交流充电桩

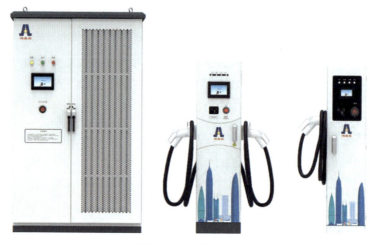

图 2-18　直流充电桩

2.2.2　综合能源系统

综合能源系统是指一定区域内利用先进的物理信息技术和创新管理模式，

整合区域内煤炭、石油、天然气、电能、热能等多种能源，实现多种异质能源子系统之间的协调规划、优化运行，以及协同管理、交互响应和互补互济。在满足系统内多元化用能需求的同时，要有效地提升能源利用效率，促进能源可持续发展的新型一体化的能源系统。

2.2.2.1　技术发展现状及趋势

伴随着能源互联网的迅猛发展，对冷、热、电、气等多种能源进行综合规划与多元互动的需求日益加深，因此具有多能协同特征的综合系统是当前研究热点。随着电、热、气输送与分配的联系日益紧密，用户对空调供暖、热水及天然气供应的需求量不断提高，区域综合能源系统的概念逐渐被提出。在电力系统领域，区域综合能源系统是以电力网为核心建设的一体化集成供能基础设施。通过传统能源和新能源的统筹开发、互补利用，满足终端用户电、热、气等多种用能需求。

我国综合能源系统的研究与应用尚处于起步阶段，技术水平相对于发达国家尚有一定差距。国内在一线城市的核心商务区建有区域综合能源的低碳商务区，其功能定位在满足商务核心区内所有用户的全部空调冷热负荷、生活热水负荷和部分用电负荷，以冷热电三联供分布式能源为主的区域能源中心项目是该类低碳商务区的核心和基础。区域能源中心的集中供能（冷/热）由燃气热水锅炉、三联供机组、冷水机组、冰蓄冷组成。

2.2.2.2　应用场景

1."电-氢"综合能源系统

氢气是一种重要的清洁能源，其燃料热值高于天然气和煤，因此氢能源的推广利用是实现清洁低碳、安全高效的能源结构优化的有效手段之一。氢电综合能源系统集成了可再生能源、制氢装置和电动汽车，能够有效减少微电网中弃风、弃光现象的发生，具有清洁低碳、安全高效等特点，因此在近年来得到了广泛的应用。国内风电制氢项目发展增速明显，且投入运行的项目明显增多，其中部分风电制氢项目如表2-1所示。截至2021年底，我国已经建成194座加氢站，其中在2021年新建成的加氢站有76座。氢电综合能源微电网是实现绿色能源供应的有效手段。

表 2-1 部分风电制氢项目

时间	地点	项目名称
2014 年 4 月	河北	风电制氢及燃料电池发电系统技术研究与示范项目（制氢功率 100kW）
2015 年 4 月	河北	沽源风电制氢综合利用示范项目（10MW 电解水制氢系统）
2019 年 6 月	河北	河北建投风电制氢项目
2019 年 7 月	山西	阳光电源山西榆社项目（300MW 光伏系统+50MW 电解水制氢系统）
2019 年 7 月	吉林	吉电股份风能制氢一体化示范项目
2020 年 3 月	吉林	榆树市人民政府与阳光电源股份有限公司风电及制氢综合示范项目（制氢功率 10MW）

2. "电-热"综合能源系统

近年来，由于能源互联网的发展，部分微电网实现了冷热电联供，具备了初步的综合能源系统运行优化功能。为了应对气候变化和实现低碳发展，必须改变能源使用方式，提高耗能设备的效率，大力开发可再生能源。因此，"电热综合能源系统"的概念被提出并得到广泛关注。欧洲各国纷纷对综合能源展开研究，例如丹麦对热电联产技术、热泵等一系列供暖的研究较为先进，因此对电力、供暖进行了整合，使其互补。美国能源部在 2001 年提出了综合能源系统发展计划，以推进分布式能源的集成技术和冷热电联供技术的提升和普遍应用。日本政府在 2009 年公布了温室气体的减排目标，推动构建覆盖全国的综合能源系统。在我国的"十三五""十四五"规划中，关于综合能源的要求和目标被明确提出。2015 年，国务院发布《关于积极推进"互联网+"行动的指导意见》（国发〔2015〕40 号），强调了多能耦合协作的关键作用。2017 年，23 个"多能互补集成优化示范工程"被批准建设。能源系统正在经历一场根本性的变革，这往往是由技术进步和环境意识提高所推动的。在这种转变中，一个值得注意的变化是不同能量矢量之间的耦合和相互作用不断增加。这包括热电联产装置在内的电热综合能源系统技术得到了快速发展，并在全球范围内得到了广泛应用。

3. "电–气"综合能源系统

随着能源问题的日益凸显，电气综合能源系统凭借其清洁、高效的特性得到了越来越多的关注。电转气技术的出现及其与燃气轮机的协同运行使得气–电互联双向耦合成为现实。在工业应用方面，德国率先提出并应用电转气技术，解决了可再生能源难以储存的问题。德国大型电力公司 RWE 于 2015 年开始运转高效率"电转气"（P2G）验证设备，奥迪公司也取得了很好的实验效果。截至 2016 年，德国包括计划和在建在内的 P2G 项目有 20 个以上，欧洲其他国家 P2G 项目也于 2012 年后迅速增加。截至 2018 年，欧洲实现规划的 P2G 项目已超过 45 个。比利时的 Eoly、Fluxys 和 Parkwind 公司联手研发工业规模级别的 P2G 厂站，西班牙电气供应商 Gas Natural Fenosa 也开始了为期 18 个月的试运行。电转气技术的应用将为清洁能源的储存和利用提供新的解决方案。

2.2.3 对配电网的影响分析

多元化负荷主要会对配电网电力平衡造成影响，若不加以有效引导，可能会加重电网的峰谷差。以电动汽车为例，聚集性充电可能会导致局部地区的负荷紧张；充电时间的叠加或负荷高峰时段的充电行为将会加重配电网负担。电动汽车典型日负荷曲线示意图见图 2–19。

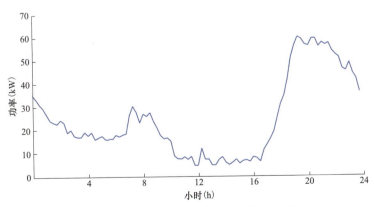

图 2–19 电动汽车典型日负荷曲线示意图

电动汽车充电负荷具有明显的晚间高峰特性，充电时间集中在人们下午工作结束后，充电负荷在19：00以后陆续到达高峰。总体来看，充电负荷的日峰谷差率约95%，汽车充电低谷时总负荷极低。

随着不同类型多元化负荷数量的持续增加，配电网的负荷容量也将相应增加，需要通过加强配电网的扩容和升级工作以确保电力供应的质量和效率。

2.3 分布式储能

分布式储能是指将储能系统直接部署在用户端或靠近电力消费端的位置，以提供电能储存和释放的功能。分布式储能技术可以有效解决电力供需矛盾、优化资源配置、提高电力质量等问题，是未来智能电网建设的重要组成部分。

2.3.1 电化学储能

2.3.1.1 技术发展现状及趋势

电化学储能是指利用化学反应将电能转化为化学能，再将化学能转化为电能的过程。目前，电化学储能技术已经相当成熟，广泛应用于各种领域。目前主流的储能形式包括铅酸电池、锂离子电池、钠硫电池、液流电池等。各种储能电池类型比较表见表2-2，其总结了各种典型储能技术的典型额定功率、持续时间、主要优点和主要缺点及应用方向。

表2-2　　　　　　　　　各种储能电池类型比较表

储能类型	典型额定功率	持续时间	主要优点	主要缺点	应用方向
铅酸电池	100kW~100MW	数小时	低成本	深度充放电时寿命较短	平滑可再生能源功率输出、黑启动
锂离子电池	100kW~100MW	数小时	大容量、高能量密度、高功率密度、高能量转换效率	有安全性问题且生产成本高	平滑可再生能源功率输出、辅助削峰填谷、电能质量调节等

续表

储能类型	典型额定功率	持续时间	主要优点	主要缺点	应用方向
钠硫电池	100kW~100MW	数小时	大容量、高能量密度、高能量转换效率	有安全性问题	平滑可再生能源功率输出、辅助削峰填谷
液流电池	5kW~100MW	1~20h	大容量、长寿命	低能量密度	辅助削峰填谷、平滑可再生能源功率输出

未来的电化学储能将围绕安全性、能量密度等方面发展。电池的安全性和稳定性是电池技术发展的重要方向，未来的电池将更加安全可靠。例如，特斯拉在其电动汽车中采用了多层安全保护措施，确保电池的安全性和稳定性。在能量密度方面，未来电池的能量密度将越来越高，以满足各种应用的需求，高能量密度的电池将具有更长的续航时间，应用场景更加广泛。

2.3.1.2 应用场景

分布式储能在配电网中的应用模式主要包括两种：独立储能模式和共享储能模式。

1. 独立储能模式

独立储能模式的优点是可以在电力需求高峰时段向配电网提供电能，有利于提高电力供应的稳定性和可靠性。此外，独立储能模式还可以作为备用电源在电力故障时提供应急供电。独立储能可以与周边分布式电源、用户组成微电网发挥作用，微电网模式的优点是可以实现能源的自我平衡和优化配置，提高电力供应的经济性和环保性。同时，微电网模式还可以为用电设备提供更加稳定、可靠的电源，提高用电设备的工作效率和使用寿命。独立储能项目见图2-20。

2. 共享储能模式

共享储能是一种将分散于电网侧、电源侧、用户侧的储能电站资源进行整合的方式，由电网来统一调度、统一管理，以减少储能资源浪费和管理布局分散等问题。这种模式可以为电源侧和用户侧提供高质量的储能服务，实

图 2-20　独立储能项目

现全网的电力资源共享，提升电能质量。共享模式将所有权与使用权分离，资源的拥有者在短时间内将使用权分配给资源需求者。该商业模式在国外已经得到广泛应用，如英国智能网络存储。我国目前共享储能尚在起步阶段，主要模式为能量存储运营商将其存储系统提供给不同类型的客户。在我国青海的共享储能示范点，这种新型商业模式获得了较好的成果。共享储能项目见图 2-21。

图 2-21　共享储能项目

2.3.2 超级电容储能

2.3.2.1 技术发展现状及趋势

超级电容器是一种新型的电化学能量存储器件。它的存储原理是利用电极表面的电荷分布来存储电能，而不是像传统电池一样通过化学反应来存储电能。

超级电容器的存储容量远高于普通电容器，可以达到普通电容器的 20～1000 倍。超级电容器具备很高的功率密度和循环寿命，其主要技术特性包括：远高于目前蓄电池的功率密度水平；循环寿命长；响应速度快，对过充电和过放电有一定的承受能力。超级电容器通常用于大功率直流发电机的启动支撑、动态电压恢复等超短放电时间、瞬时大功率及构建混合储能（通常与蓄电池结合）等应用场合。

2.3.2.2 应用场景

在电力系统中，尤其是新能源发电领域，储能技术在大规模利用之前主要应用于电动汽车等领域。近年来，超级电容应用不断加强，主要用于优化储能系统能量管理策略、提高锂离子电池使用寿命和优化电动汽车行驶性能。在目前的微电网示范工程中，储能系统主要采用单一储能形式，以满足特定的功能需求。然而，随着能量型储能和功率型储能联合使用的优越性得到越来越多的关注，包含超级电容混合储能系统的重要性得到凸显，新建的一些微电网示范工程也逐渐使用混合储能系统。例如，在西班牙 Labein 微电网中，配置了 2.18MJ 的超级电容、250kVA 的飞轮储能和 3045Ah 的蓄电池，组成了混合储能系统。在日本 Shimizu 微电网中，包括 4 台燃气轮机、20kW 铅酸电池、400kWh NiMH 蓄电池及 100kWs 的超级电容。在浙江鹿西岛风光储海岛并网微电网示范工程中，配置了 4MWh 铅酸电池和 500kW×15s 的超级电容，用于进行削峰填谷、平滑风光出力等。超级电容储能结构示意图见图 2-22。

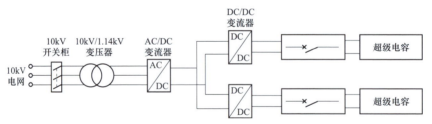

图 2-22　超级电容储能结构示意图

2.3.3　氢储能

2.3.3.1　技术发展现状及趋势

氢气是一种最清洁的二次能源，具有高能量密度、运输方便、无自放电等优点。目前，氢气已被广泛应用于化学工业、航天航空、金属提炼、制药等领域，具有广泛的应用前景。预计到 21 世纪 50 年代，中国氢气需求量将突破 1.3 亿 t，在中国总能源体系中占比近 20%。制氢方法主要有煤化工和电解水两种方式。电解水制氢具有设备简单、工艺成熟、污染小、产氢纯度高、杂质少等优点，是目前工业规模制氢最实用的途径。通过利用废弃的可再生能源发电产生的电能来电解水制氢，不仅可以降低制氢成本，还可以减少制氢过程排放造成的环境污染。电解水制氢制得的氢气纯度高，可以转化为燃料电池或通过电-气循环直接销售或并网，从而达到平滑并网风电波动、提高供电可靠性、优化机组调度等目的。

电解水制氢的主要装置是电解槽，主要有碱性电解槽、质子交换膜电解槽和固体氧化物电解槽。质子交换膜电解槽具有动态特性好、工作寿命长、稳定性高、抗腐蚀、产氢纯度高、制氢效率高等优点；但也具有价格高昂，易被氧化等缺点。碱性电解槽具有可靠性高、结构简单、技术成熟、工作条件要求较低、价格低廉等优点；但也具有制氢效率低，损耗大，可能导致环境污染等缺点。固态氧化物电解槽的工作温度很高，关键材料在高温下易老化，催化剂活性易降低，阴极、阳极材料易产生烧结的现象，成本也远远高于质子交换膜电解槽和碱性电解槽。因此，目前质子交换膜电解槽和碱性电解槽是电解水制氢的主要装置。

2.3.3.2 应用场景

欧洲国家（如德国、英国、丹麦、西班牙等）开展了包含可再生能源和氢能电池的综合能源系统研究。欧盟委员会的"第五框架"计划于1998～2002年在希腊和西班牙建立了示范基地，进行储氢开发的研究。意大利的EANA Casaccia研究中心建造了示范工厂，研究风能制氢的可行性和经济性。加拿大的可再生能源孤岛系统利用多余功率生产和储存氢气。同时，可再生能源中产生的能量不足时，可以通过质子交换膜燃料电池系统从储存的氢气中再生产出电能。这些研究还涉及风电机组、光伏和燃料电池系统的性能研究。

挪威能源公司Hydro和德国风电机组制造商Enercon在挪威Utsira建造了一个利用多余风能的电厂，通过氢能燃料电池在风速较小时供电，并通过储氢方式实现系统能量平衡。阿根廷在2007年建设了南美洲第一座氢能示范电厂，用于研究氢能的安全问题，积累了大量氢能在生产、使用、存储、分配、转化和使用方面的运行经验。希腊的可再生能源中心通过改进碱性电解槽和压缩氢气的压强，提出热电联产电池能够有效降低电价。德国柏林的"风氢混合动力发电厂"是氢气存储和利用的项目，装机容量为6MW，电解槽装机容量为0.6MW。美国在加利福尼亚国家可再生能源实验室进行了分布式和集中电解氢的成本研究，重点分析各组件成本。在中国为促进大规模可再生能源的并网，提出增加储能设备的指导建议。中国在河北张家口张北县建立了风电制氢项目，并在2015年与德国McPhy、Encon等公司进行了两国合作示范项目。

2.3.4 对配电网的影响分析

1. 提升分布式电源消纳率

储能与不稳定分布式电源配合，在电源大发无法就地消纳时给储能充电、在负荷低谷时进行放电，提升配电网对分布式电源的消纳率。某分布光伏储能配置前后馈线功率曲线见图2-23。从图中可以看出12时是光伏最大出力场景，此时光伏电力盈余3MW。配置0.5MW/1MWh储能后，光伏电力盈余1.1MW，光伏消纳率由83%增大至99%，有效提高了光伏就地消纳率。

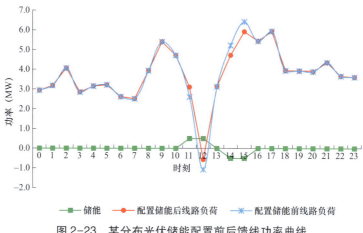

图 2-23 某分布光伏储能配置前后馈线功率曲线

2. 降低峰值负荷，实现设备动态增容

配置储能后，通过"低充高放"能够有效降低设备峰值负荷。福建南平某 10kV 配电变压器最大负荷由 300kW 下降至 198kW，有效降低了设备晚高峰的负荷峰值。储能配置前后典型日负荷特性曲线见图 2-24。

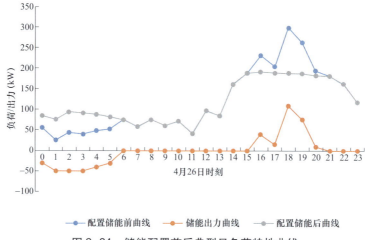

图 2-24 储能配置前后典型日负荷特性曲线

2.4 微电网

2.4.1 技术发展现状与趋势

微电网是一个能够实现自我控制和管理的自治小系统，它是一种小型发/配/用电力系统，主要由分布式电源、能量转换装置、负荷、监控、保护装置等组成。虽然微电网是小型的电力发电系统，但它具备完整的发电、配电和用电功能，通过资源互补调剂实现了网内的能量优化。微电网有时候是一个能源网，在满足网内用户电能需求的同时，还满足网内用户热能的需求。按照是否并网，微电网可分为联网型微电网和独立型微电网。

微电网（群）主要有以下几种不同形态：

1. 直流微电网（群）

直流微电网群是各直流微电网直接连至直流母线，并通过微电网群公共连接点（multi-microgrid point of common coupling，MMG-PCC）连接逆变器并入交流电网，直流微电网群典型结构如图 2-25 所示。直流微电网群因对直流型分布式发电单元与直流负荷具有良好的兼容性，在多直流电源与负载场景下应用优势明显。直流微电网群的电能以直流方式交换，连接线路与馈线损耗的无功功率为零，大幅度降低了系统无功损耗，且不存在谐波抑制、三相负载不平衡等问题。但是，目前的分布式电源、储能设备大多通过常规电力电子装置连接入网，存在功能单一、不具备与直流微电网即插即用的特点，研发模块化、智能化的变流器接口仍是值得探索的前沿课题。

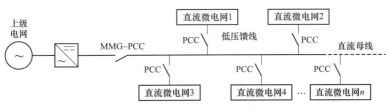

图 2-25　直流微电网群典型结构

2. 交流微电网（群）

基于交流总线架构的微电网技术在欧美和日韩等一些发达国家已经较为成熟，并建设了一批微电网示范工程。交流微电网群是目前智能微电网的一种主要类别，交流微电网要求各分布式电源、储能装置和负荷等均须连接至交流母线，因此将交流配电网改造为交流微电网是相对容易的。交流微电网群典型结构见图2-26。

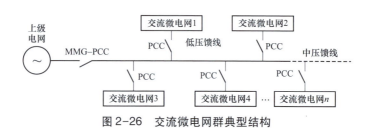

图2-26　交流微电网群典型结构

微电网群通过 MMG-PCC 与上级电网相连接，所有的子微电网均并联在交流母线上，通过公共耦合点（PCC）接口与中压馈线相连。微电网群内子微电网可实现自治管理，根据经济调度策略确定群中各子微电网的运行方式。孤岛运行时，各子微电网在给就地负荷可靠供电的同时，还能够在子微电网之间进行功率调节平衡，实现子微电网间的功率互补。因此，在微电网群组网方式下，可以减少负荷的切除，提高负荷供电的可靠性。考虑到微电网位于电力系统的终端，低功率的住宅及楼宇供电系统是微电网的主要存在形式。分布式电源、储能、可控负荷及低压微电网通过中压馈线互联，在大电网故障或者发生电压跌落时，微电网附近的风电或者光伏发电设备加上必要的储能可以保证该区域内微电网用户的供电可靠性。微电网群的组网形式，增加了微电网群的结构复杂度及控制的复杂度，但是提高了分布式电源的渗透率。由于在中压馈线上并联了分布式发电系统，为了在微电网群孤岛运行时平滑出力功率，需加入储能装置，储能装置容量由分布式电源输出功率曲线、可控负载功率需求及微电网发电量预估等因素决定。在该组网方式下，群母线上的分布式电源既可以工作在最大功率状态，又可以工作在限功率状态。

3. 交直流混合微电网（群）

直流输出类的分布式发电单元（如光伏电池、燃料电池等）及储能装置

（如蓄电池、超级电容器等）无法直接接入交流配电网，需要通过 DC/AC 变换器转换后才能够并网，大幅增加了微电网的损耗。另外，对用户侧而言，很多家庭用电设备（如电脑、手机、相机等）都采用直流供电，因此交直流混合微电网是未来电网发展的主流方向。交直流混合微电网群典型结构见图 2-27。

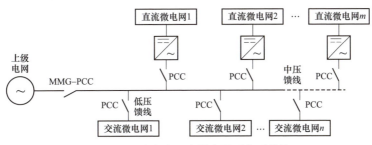

图 2-27　交直流混合微电网群典型结构

其中直流微电网通过一个 DC/AC 变换器并入交流母线，与交流微电网一起构成一个微电网群。该结构的特点是：微电网群中既含有交流母线又含有直流母线，既可以给交流类的负荷供电又可以给直流类的负荷供电，减少了中间变换装置，提高了供电效率和供电可靠性。实际上，该微电网群中的直流微电网可以看成是一个独特的直流电源通过变换器接入交流母线。这种组网方式的优点是更符合用户的使用特点，提高了变换器的效率，但是在控制策略上比基于交流微电网构成的微电网群更复杂一些。

2.4.2　典型应用场景

1. 微电网与大电网弱联络的应用场景

（1）户用光储离网系统：

适用场景：农牧型场景（分散农牧民用户，单体容量小）。

配置模式：分散农牧民用户以一般生活用电为主，容量较小且供电可靠性要求不高，宜采用"光伏+蓄电池"直流耦合模式，通过 DC/AC 逆变器供电。该模式系统集成化和模块化程度高，具有简单便携、即插即用的优点，适用于解决负荷分布较为分散，生活区域不固定的农牧民生活供电问题。

（2）集中式光储/风光储离网系统：

适用场景：主要负荷为可中断负荷的农牧型场景（农牧民居住村镇等）、海岛型场景、边防边控型场景（边控执勤点）。

配置模式：对于乡政府、寺院、村镇等少量聚集的地区，地理范围小的情况下，可通过采用"新能源+储能"直流耦合（如光储电站）模式建设一体化电站以满足负荷需求。对于乡政府、寺院、村镇等大量聚集的地区，地理范围大的情况下，可采用"新能源电站+储能电站"微电网的建设模式。

（3）集中式光柴储/风光柴储离网系统：

适用场景：有部分连续供电需求负荷的农牧型场景（乡政府所在地等）、边防边控型场景（边境检查站和边防驻地）、海岛型场景。

配置模式：采用"新能源+储能+柴油发电机"模式。对于供电可靠性有一定要求的场景，"新能源+储能"模式通常需要配置较大容量的储能来满足供电可靠性需求。相比于"新能源+储能"模式，光柴储/风光柴储离网系统适应性更强。此模式下，通常采用交流组网形式，储能通过 DC/AC 双向变流器并入交流电网，光伏通过变流器并入交流电网，风机通过背靠背电力电子装置并网。福建西洋岛微电网拓扑图见图 2-28。

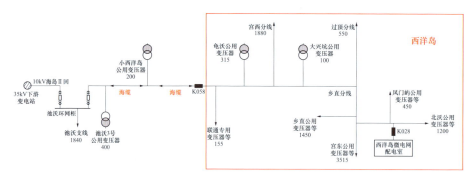

图 2-28　福建西洋岛微电网拓扑图

2. 微电网与大电网强联络的应用场景

如图 2-29 所示为强联络微电网群（MMGs）典型结构，包含 MG1～MG4 四个独立子微电网；各子微电网中可接入不同类型分布式电源（DG）、储能及就地负载等，配备完整的控制与保护装置。MMGs 集群调控与运行能力取决于其组织结构、互联方式与运行模式，其中 MMGs 的组织结构是子微电网间能量互济、频率与电压支撑及协同运行的基础。

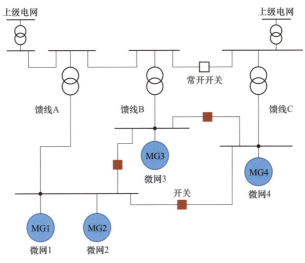

图 2-29 强联络微电网群（MMGs）典型结构

由于子微电网接入位置多样，它们之间呈现不同的结构和互联特点。根据接入的"源-馈"关系，可将多微电网基本结构分为以下三种类型：

（1）同源同馈型：多个微电网接入相同馈线，并与同一上级电源连接并交换功率，这种类型称为同源同馈（same-source and same-feeder，SSSF）结构，如 MG1 与 MG2。

（2）同源异馈型：多个微电网经不同馈线并网，但与同一电源连接，多微电网之间电气联系紧密，称为同源异馈（same-source and different-feeder，SSDF）结构，如 MG1 与 MG3。

（3）异源异馈型：多个微电网经不同馈线并网，且接入不同的上级电源，上级电源之间通常处于解列状态，子微电网间电气关系弱，称为异源异馈（different-source and different-feeder，DSDF）结构，如 MG1 与 MG4。

目前，MMGs 一般通过交流方式建立互联关系，SSSF、SSDF 与 DSDF 三种类型结构是互联 MMGs 的基础，三种基础结构可根据运行需要，通过公共连接点（point of common coupling，PCC）处开关实现相互转换。微电网公共连接点结构与功能如图 2-30 所示。作为 MMGs 连接的关键节点，一方面 PCC

可通过状态切换调整 MMGs 的拓扑结构，控制子微电网之间及 MMGs 与上级电网间的并、离网切换；另一方面可提供电气量及运行状态的量测信息，支撑微电网群协同调控运行。随着互联微电网的数量不断增加，基本结构的组合及 PCC 状态的切换使得 MMGs 具备适应复杂运行环境的能力。

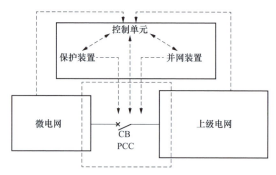

图 2-30　微电网公共连接点结构与功能

交流互联型 MMGs 的子微电网间存在强电磁耦合关系，在同步并网、故障隔离、灵活运行等方面均存在相应技术问题。MMGs 通过电压源换流器对有功与无功分量进行解耦控制，同时配置一定量的储能，形成含 AC 与 DC 两种类型并网接口的混合公共连接单元，实现 MMGs 的柔性互联。与交流互联相比，MMGs 的混合公共连接单元一方面可平抑扰动并快速隔离故障，降低扰动的影响，提高系统及单个微电网运行稳定性；另一方面通过对有功与无功分量的解耦控制，增加了系统的控制维度，使得 MMGs 具备异步互联的能力，满足多种运行方式需求，提高系统运行灵活性。

2.4.3　对配电网影响的分析

配电网直接与用户相连，含光伏等随机性电源接入配电网后会带来一系列电能质量问题，会对用户的用电安全性和用电设备的寿命造成更大的影响。其中，以电压问题最为严重，易出现电压越限、电压闪变等问题，严重制约了微电网中随机性新能源的消纳，不利于改善能源结构。

1. 对有功频率特性的影响

微电网电力大幅、频繁的随机波动性对电力系统有功平衡造成了冲击，进而影响到系统的一次、二次调频及有功经济调度等运行特性；电力系统备用优化策略等将因光伏接入而发生变化，这对与常规机组等其他多类型电源的有功频率协调控制及调频参数整定等也提出了适应性需求；同时，大规模分布式光伏并网会造成电力系统等效转动惯量降低，降低了系统应对功率缺额和功率波动的能力。极端工况下，甚至会发生频率骤升骤降，引发低频减载、高频切机，导致严重安全运行问题。

2. 对无功电压特性的影响

微电网随机波动的有功出力穿越近区电网及长输电通道，影响到电网无功平衡特性，进而造成沿途的母线电压大幅波动。同时，目前实际并网运行的微电网无功电压支撑能力较弱，发生电压质量越限甚至电压失稳的风险加大。对于分散接入配电网的微电网，微电网接入会导致电网潮流更加难以控制，进而影响到配电网的电压质量。

3. 对电能质量的影响

随着大规模微电网的接入，电力电子的广泛应用使得大量非线性负载也加入到系统中，对电力系统造成污染，出现了电能质量问题。逆变器开关速度延缓，导致输出失真，产生谐波；在太阳光急剧变化、输出功率过低、变化过于剧烈的情况下，产生谐波会很大；也会出现大规模微电网并网时电流谐波叠加的问题等。国内外若干微电网的运行经验表明：即使单台并网逆变器的输出电流谐波较小，多台并网逆变器并联后输出电流的谐波也有可能超标。

3 配电网新技术应用

随着科技的飞速发展，配电网正在经历着革命性的变革，以适应当今电力系统日益复杂和多样化的需求。当前配电网领域涌现出诸多新技术推动着电力系统朝着更智能、可靠、高效、灵活和可持续的方向迈进。本章将详细介绍配电网的几个新技术应用：微电网（群）控制技术、源荷互动技术、柔性互联技术、直流配电技术和智慧物联技术，并分析它们的关键设备以及对配电网的影响。

3.1　微电网（群）控制技术

微电网（群）控制技术是一种通过智能控制系统集成、管理和协调一个乃至多个微电网的技术手段。该技术通过微电网内部或彼此之间的协同运行，提高整体系统的效率和可靠性。通过集中式或分散式的控制算法，微电网（群）控制技术可以实现对微电网的电力生产、储能、能源管理等方面的协同调度，以适应不同的运行模式和需求。

3.1.1　关键技术与设备

微电网（群）控制技术的关键二次设备主要包括微电网（群）能量管理系统、微电网智能终端、微电网（群）控制器三大模块。微电网（群）关键设备系统示意图见图 3-1。

（1）微电网（群）能量管理系统：这是微电网的核心控制系统，通过监测、分析和协调微电网内各种能源设备，实现电能的优化管理和分配。

（2）微电网（群）控制器：这是用于执行电能管理系统发布的控制策略的设备，可以调整微电网中各种能源设备的运行状态，以满足电能需求和优化微电网性能。

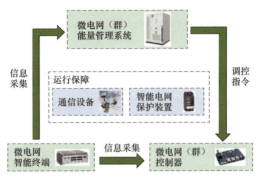

图 3-1　微电网（群）关键设备系统示意图

（3）微电网智能终端：这包括各种传感器、智能电能表、智能开关等设备，用于实时监测微电网内的电能流动、设备状态和用电情况。

微电网群调群控技术一般采用云-边-端三层协同的控制技术。微电网群调群控技术控制框架见图 3-2。

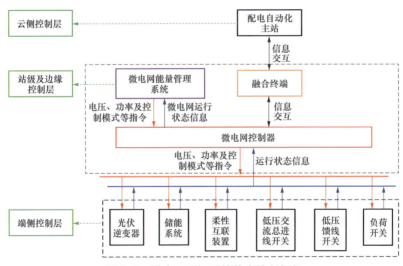

图 3-2　微电网群调群控技术控制框架

微电网控制系统由具有云侧控制层、站级及边缘控制层和端侧控制层的三层控制架构组成，分别对应云主站（配电自动化主站）、台区微电网能量管控系统（微电网控制器）和就地控制器（柔直互联系统控制器、储能系统控制器、光伏逆变器等）。

云侧控制层由融合终端将台区微电网的实时运行状态传送至云主站，云主站负责监控台区微电网运行状态，并根据业务需求向台区微电网下发相关控制指令。

站级及边缘控制层部署于台区微电网能量管理系统侧，采用主从控制方式。以某配电变压器微电网控制器为主控制器，具有转发执行微电网能量管理系统指令，实现台区微电网可控设备协同，快速并离网切换等功能，微电网能量管理系统负责汇总从台区设备的信息上传至融合终端，并接收融合终端下达的优化指令。

端侧控制层部署于台区可控设备中，各设备接收微电网控制器指令实现就地快速响应。

3.1.2　在配电网中的应用

福建泉州某微电网群调群控示范项目的控制框架见图 3-3。

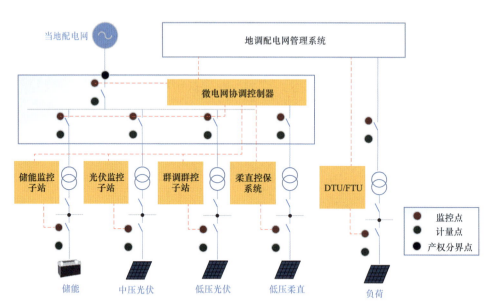

图 3-3　福建泉州某微电网群调群控示范项目的控制框架
（DTU：开闭所终端设备；FTU：馈线终端设备）

该示范工程投产后，主要影响如下：

（1）提高新能源利用效率：微电网（群）控制技术可以实现对分布式能

源资源的有效整合和协同运行。通过智能调度和控制，微电网（群）可以更灵活地利用太阳能、风能等可再生能源，最大程度地提高能源利用效率，降低对传统能源的依赖。

（2）提升系统稳定性：微电网（群）控制技术使系统能够更好地应对电力波动和瞬时故障。通过智能化的监测和控制，微电网（群）可以快速响应配电网中发生的波动，保持电力系统的稳定运行，提高整体的抗干扰能力。

（3）增强电网适应性：微电网（群）的灵活性和自治性使其能够更好地适应不同的运行环境和需求。在自然灾害、电力波动或电网故障等情况下，微电网（群）可以更迅速地进行调整和应对，提高配电网的鲁棒性和可靠性。

3.2　源荷互动技术

源荷互动技术是指在电力系统中，电源与负荷之间通过先进的信息和通信技术实现的智能互动。这种技术通过实时监测电源和负荷的状态、需求及系统运行情况，通过智能控制系统进行动态调节，以实现配电网的供需平衡和稳定运行。源荷互动技术可以优化配电系统的性能，提高能源利用效率，同时保障系统的稳定运行。这种技术在新型电力系统中发挥着重要作用，促进了电源和负荷之间更加智能、灵活、可持续的互动。

3.2.1　关键技术与设备

源荷互动技术的关键二次设备主要包括终端系统（智能电能表）、智能负荷管理系统、智能电网通信系统、电力需求侧管理系统。源荷互动技术关键设备系统示意图见图3-4。

（1）智能电能表：智能电能表可以实时监测配电系统中电源和负荷的运行状态，收集电力数据并进行处理，还可以实现对电力系统的调度和控制。

（2）智能负荷管理系统：智能负荷管理系统可以监测和分析电力系统的负荷情况，根据调度需求进行负荷的调整和管理，实现电力系统的供需平衡。

（3）智能电网通信系统：智能电网通信系统可以实现电力系统的信息交互和远程控制，提高电力系统的可靠性和智能化水平。

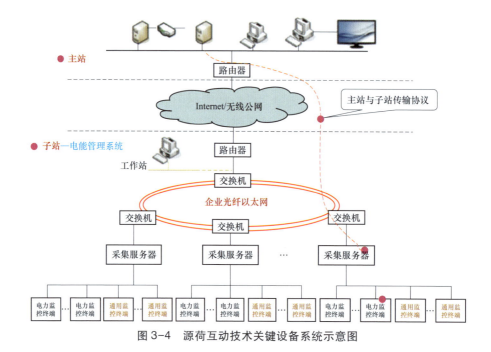

图 3-4　源荷互动技术关键设备系统示意图

（4）电力需求侧管理系统：电力需求侧管理系统可以监测和分析电力用户的用电行为和用电需求，实现对电力用户的用电管理和负荷控制。

3.2.2　在配电网中的应用

以国内某示范工程为例，2018 年春节期间开展"填谷"需求响应，单次最大提升低谷用电负荷 168 万 kW，3 日累计提升低谷用电负荷 928 万 kW，促进新能源消纳 7424 万 kWh。2018 年 10 月 1～3 日，通过竞价模式的填谷电力需求响应，在凌晨和腰荷两个时段的平均响应负荷分别达到 59.68 万 kW 和 79.93 万 kW，最大提升低谷用电 142 万 kW，通过竞价方式节约激励资金 67.5 万元。

源荷互动技术对配电网的影响主要体现在以下几个方面：

（1）提高能源利用效率：源荷互动技术通过实时监测负荷需求和能源供给情况，实现对配电网的智能调度和优化，从而更精准地匹配供需关系，最大程度地提高能源的利用效率，降低能源浪费。

（2）提升系统稳定性：源荷互动技术通过灵活的负荷调整和电源的协同

作用，增强了配电系统的稳定性。在电力波动或负荷变化的情况下，系统能够迅速做出调整，保持电力系统的平稳运行，减少系统不稳定性的风险，提高整个电力系统的可靠性。

（3）降低运行成本：源荷互动技术的智能化管理有助于降低配电网的运行成本。通过实时调度、需求响应和资源协同，系统可以更经济地利用能源，从而降低系统运行成本，为用户提供更经济的电力服务。

3.3 柔性互联技术

柔性互联技术是将配电网中各条馈线、各个交/直流配电子网或微电网（群）等通过柔性互联设备连接，使得各配电子网或微电网充分发挥其自身特性，实现分布式新能源、储能设备、电动汽车等的友好接入，并在各配电子网或微电网间实现智能调度，达到潮流控制、有功无功功率优化、能量互济、协同保护等功能。

3.3.1 关键技术与设备

柔性互联技术主要包括智能电力监控系统、分布式新能源能量管理系统、柔性互联装置。柔性互联技术关键设备系统示意图见图 3-5。

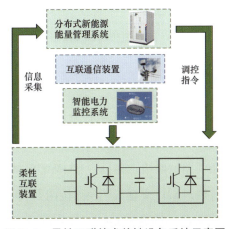

图 3-5 柔性互联技术关键设备系统示意图

（1）智能电力监控系统：智能电力监控系统是一种采用通信技术的设备，可以实现对各柔性互联装置接入区域内的运行情况进行远程监控和管理，还可以对电力数据进行处理和分析。

（2）分布式新能源能量管理系统：分布式新能源能量管理系统配置于各柔性互联装置内，基于智能电力监控系统对接入区域内运行情况进行监控，同时接收来自配电调度系统的指令，对局部配电网的运行进行分析和决策，提高配电网整体的电能管理效率。

（3）柔性互联装置：柔性互联装置是柔性互联技术的核心。柔性直流合环原理示意图见图3-6。柔性合环装置采用背靠背电压源型变流器实现功率双向流动。拓扑结构为三电平电压源变换器，变流器效率可达98.5%，算上两端变压器损耗，整体效率可达96%，配置灵活，设备尺寸小，便于模块化扩容。

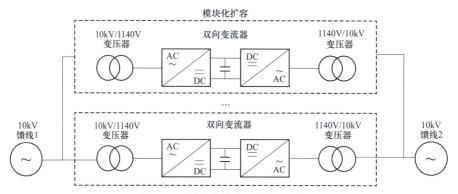

图3-6　柔性直流合环原理示意图

3.3.2　在配电网中的应用

国网福建电力在泉州建成投产基于柔性互联技术的示范项目，选定两条交流10kV联络线路（110kV龙风变电站10kV白莲线和110kV朴新变电站10kV垢坑线），于两条线路的联络点建设一套3MW模块化并联的紧凑型背靠背柔性直流合环装置，通过柔性交直流转换连接两条10kV交流线路。通过建设柔性合环装置，实现交流线路合环运行，优化潮流控制，并在故障时实现负荷快速转供，提高供电可靠性；研制小型化、模块化设备，满足控制系统自取电要求，便于室外布置，同时减少建设成本，提升柔性直流设备推广性、可复制性，打造背靠背柔性直流样板工程。

柔性互联示范项目拓扑图见图3-7。

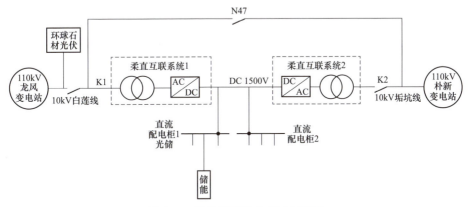

图3-7　柔性互联示范项目拓扑图

该示范工程建成后，能够有效提升配电网的供电可靠性，主要内容如下：

（1）提高分布式光伏就地消纳能力。在白莲线光伏出力最大方式下，白莲线倒送功率约3MW，在通过柔直互联送至垃坑线消纳后，白莲线倒送功率降至1.1MW，即可满足非特定节假日时期光伏的就地消纳，解决白莲线非特定节假日时期功率倒送的问题。

（2）提高电网柔性控制能力。柔直互联装置有多种可转换的运行方式，满足配电网功率、电压柔性可调的需要：在双端直流系统投入的运行方式下可实现光伏跨区消纳、负载转供、储能共享和调相机运行4种运行方式；在单端直流系统投入的运行方式下可缓解负荷上升导致的电压下降、相邻馈线负载率差异大与不均载等问题，实现馈线正常运行时的动态增容和故障下的转供电，提升供电可靠性与分布式电源接纳能力。

3.4　直流配电技术

直流配电技术是一种将电能以直流形式传输和分配的配电技术。与传统的交流配电系统相比，直流配电具有低损耗、高效率、易于与可再生能源集成及适应直流负载的优势。随着直流输电技术的发展成熟，直流配电技术也逐渐得到应用，例如在微电网、数据中心、充电桩、电动汽车和某些工业应用领域，有望推动电力系统更加智能、高效、可持续发展。

3.4.1 关键技术与设备

直流配电技术的关键二次设备主要有直流两侧装置和直流保护装置两大类，随着目前设备集成度的提高，也可采用兼具量测和保护功能的直流配电单元装置。直流配电技术关键设备系统示意图见图3-8。智能直流配电单元见图3-9。

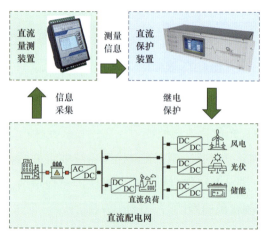

图 3-8　直流配电技术关键设备系统示意图

图 3-9　智能直流配电单元

（1）直流量测装置：能够用于测量直流配电网中的直流电流、电压、功率和电量等关键参数，提供实时监测，有助于管理和优化直流系统的性能，确保直流配电网稳定、可靠和高效运行。

（2）直流保护装置：具备过电流保护、短路保护、过/欠电压保护等功能，通过监测直流电路中电流是否超出给定值、监测直流电压是否处于额定范围，从而在故障状态下迅速动作，防止设备损坏或火灾等危险事件的发生。

3.4.2　在配电网中的应用

福建某直流示范工程结构示意图见 3-10，其中 AC/DC 双向变流器交流侧 380V 就近接入会所箱式变电站 1 号动力箱，直流侧出口接入电压为 750V 的大德记配电房。在大德记建筑物墙体安装薄膜光伏 4.6kW、阳台窗户安装薄膜光伏 4.8kW，总计 9.4kW。

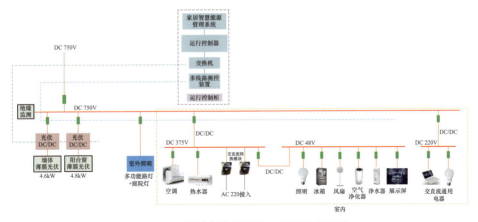

图 3-10　福建某直流示范工程结构示意图

示范项目建成后对配电网的主要影响如下：

（1）提升供电容量：在导线界面、电流密度与绝缘水平相当的情况下，双极直流线路的传输功率与三相交流线路大致相等，因此在传输容量相同的前提下，直流配电技术的建设成本约为交流配电技术的 2/3。

（2）降低线路损耗：交流配电系统的损耗主要包括电缆金属护套涡流造成的有功损耗和交流磁场建立造成的无功损耗，直流配电技术不产生无功损耗，因此线损仅为交流配电系统的 15%～50%。

（3）新型源荷储友好：相对交流配电技术而言，直流配电技术更便于超级电容、蓄电池等储能装置的接入，供电可靠性与故障穿越能力更高；直流配电技术由于其接口设备和控制技术相对简单，更有利于接纳风能、太阳能等新能源发电的大规模、分布式并网。

3.5 智慧物联技术

智慧物联技术是一种通过互联网连接和集成各类物理设备、传感器和信息系统的技术，实现设备之间的智能互通和数据共享。这项技术通过感知、采集和传输现实世界的数据，利用数据分析、人工智能等手段提供智能化的服务和决策支持。智慧物联技术能够提高资源利用效率、降低能耗，是推动智慧配电网和社会发展的重要驱动力。

3.5.1 关键技术与设备

智慧物联技术主要包括感知层、网络层、平台层、应用层，智慧物联系统技术架构见图3-11。

感知层，融合终端对下统一采集智能电能表、智能开关等数据，对上通过省级虚拟专网（VPN）接入物联安全接入平台，并分发2路，配电业务数据、设备管理类数据基于MQTT协议接入物联管理平台，营销业务数据基于698协议接入用电信息采集系统前置。

网络层，融合终端通过省级VPN接入物联安全接入平台。安全接入平台对下通过统一密码服务下发终端证书，实现设备认证；对上通过MQTT、698、104协议完成配电、营销、调度管理类数据分发。

平台层，实现物联平台量测数据汇聚与分发，一是与用电信息采集系统的数据交互。二是通过接口服务器实现与配电自动化Ⅰ区主站（以下简称配电Ⅰ区主站）的数据交互。

应用层，配电Ⅰ区主站、配电Ⅳ区主站、用电信息采集系统从物联平台获取实时量测数据后，实现平台业务功能。

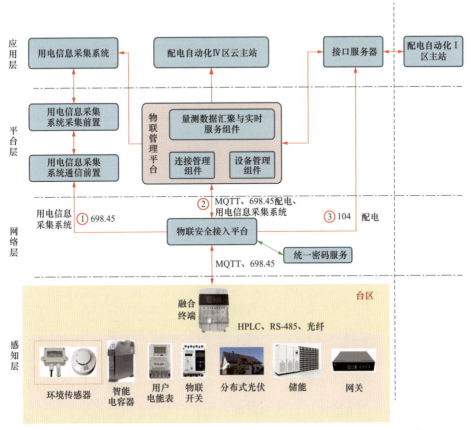

图 3-11　智慧物联系统技术架构（MQTT：物联网云平台；HPLC：高速电力线载波通信）

3.5.2　在配电网中的应用

福建泉州某智慧物联示范工程，在两个台区开展基于智能融合终端的数字化、智能化改造，实现低压状态全景感知、设备全面控制、数据全量应用。提高台区资源"自治"能力，支撑台区分布式光伏柔性控制、停电故障精准研判和主动抢修、网格化管理、低压表前各级开关三遥、低压电气拓扑自动建模等业务应用场景。智慧物联示范项目拓扑图见图3-12。

智慧物联技术对配电网的影响主要体现在以下几个方面：

（1）提升电网实时监测与控制能力：智慧物联技术通过在配电网中部署大量传感器和智能设备，实现了对电网状态的实时监测。这些传感器能够监

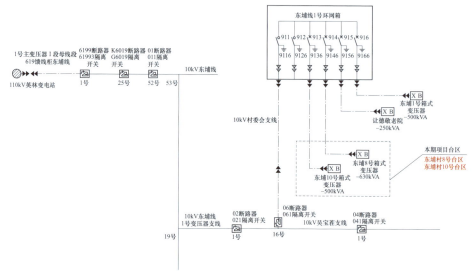

图 3-12　智慧物联示范项目拓扑图

测电流、电压、频率等参数，同时检测电网中的故障和异常情况。通过实时获取数据，电力运营商可以更及时地了解电网运行状况，快速响应问题，从而提高电网的可靠性。

（2）支持精准的负荷管理：智慧物联技术通过智能电能表和负荷监测设备，实现对用户侧电能使用情况的精准监测。这有助于电力公司了解负荷需求的实时变化，进行负荷预测，并制定更加合理的电网规划和调度策略。通过实时了解用户的用电情况，电力公司能够更好地进行负荷平衡，提高电网的运行效率。

（3）实现设备智能控制和优化：智慧物联技术通过在设备上集成智能控制单元，实现对设备的远程监控和控制。智能开关、智能电能表等设备可以根据实时数据和系统需求自动调整工作状态，实现设备的智能优化。这种智能控制有助于降低电能损耗，提高设备利用率，从而提升整体电网的能源效率。

4 新型电力系统配电网网格属性和特性

4.1 新型电力系统配电网网格的提出

网格化规划是配电网规划的发展方向。采用网格化的出发点和思路是将配电网大而化小、简而治之，《配电网规划设计技术导则》（DL/T 5729—2023）提出了供电网格的定义，指在供电区域范围内，具有一定数量高压配电网供电电源、中压配电网供电范围明确的独立供电区域，明确供电网格是中压配电网规划的基本单元。传统配电网格主要基于行政区划与地理边界划分，以末端分配负荷满足用户供电为主。

在新型电力系统建设的大背景下，分布式新能源、多元化负荷，以及新技术的应用，配电网潮流由"单向"向"双向"转变，配电网网格作为末端分布式源荷要素的直接承载单元，其功能定位由单向负荷分配向资源优化配置转变。

（1）新型配电网格需要高效服务分布式新能源就近消纳。当前，在配电网侧接入并消纳的分布式新能源已成为电力供应中不可或缺的支柱性能源，在技术革新与成本降低的双重驱动下，家庭、企业及社区层面的分布式发电设施普及率急剧上升，不仅实现了用户侧电能需求的自给自足，还有效促进了富余电力上网，为新型电力系统构建注入了新的活力。但由于分布式新能源在网格层面分布不均衡，使得需要进一步考虑在网格间就近消纳的需要。

（2）新型配电网格需要充分挖掘新型源荷储要素调节潜力。近年来，以电动汽车为主的新型负荷呈现爆发式增长。预计 2030 年，新能源汽车充电所需的最高电力负荷有望达到 1 亿 kW。这一发展趋势对网格乃至整个配电网的承载能力及稳定性提出了前所未有的要求。在配电网网格层级，支撑电动汽车充电基础设施体系建设，提高网格的调节能力，已成为新时期加快配电网建设改造和智慧升级的重要一环。通过提升新型源荷储要素的调节能力，满足尖峰负荷需求，是新发展形势下网格的重要发展方向。

（3）新型配电网格需要强化极端自然灾害的抵御能力。随着全球气候变化加剧，极端天气事件与自然灾害频发且强度不断提升，给配电网电力供应的稳定性和可靠性带来了严峻挑战。在此背景下，网格作为配电网规划建设的基本单元，缺乏足够的冗余和容错机制，其灾害应对能力的提升显得尤为重要与迫切。

综合考虑上述需求，新型电力系统配电网网格是指具备合理物理边界，包含分布式新能源、多元化负荷、分布式储能等灵活源荷储设备，具备潮流主动调节能力和抵御内外部扰动能力，能够实现资源优化配置、多元源荷灵活互动的配电网基本单元。通过新要素的合理配置和新技术的广泛应用，实现能源的传输、转换和控制，以满足不同类型负荷的需求。

根据国家发展改革委、国家能源局下发的《关于新形势下配电网高质量发展的指导意见》（发改能源〔2024〕187号）指出，在配电网增强保供能力的基础上，推动配电网形态上从传统"无源"单向辐射网络向"有源"双向交互系统转变，在功能上从单一供配电服务主体向源网荷储资源高效配置平台转变，提出新型电力系统配电网网格的属性包括能量属性、技术属性和环境属性三大类。新型电力系统网格属性示意图如图4-1所示。

图4-1　新型电力系统网格属性示意图

新型电力系统配电网网格属性和特性见表4-1。

表 4-1　　　　　　　　新型电力系统配电网网格属性和特性

属性	特性	传统网格	新型网格
能量属性	供需匹配能力（平衡性）	能量单向流动	能量双向流动
技术属性	快速响应能力（灵活性）	同步机主导的机械电磁系统，配电网快速响应能力弱	电力电子设备和同步机共同主导的混合系统，配电网快速响应能力强
环境属性	抵御扰动能力（韧性）	抵御内外部环境变化引起扰动能力弱	抵御内外部环境变化引起扰动能力强

4.2　属性和特性

4.2.1　能量属性和特性

网格的能量属性，具体包括能源密度、能量密度和用能强度三个方面。在能源密度方面，未来海量分布式新能源广泛接入配电网，分布式电源渗透率快速提升，配电网全电压等级潮流双向流动，由无源变为有源。在能量密度方面，配电网具备更高的供电可靠性和供电能力，能够解决高比例新能源带来的不确定问题，多元源荷深度互动，虚拟电厂聚合商广泛推广，能够承载更大规模电能的流动需求。用能强度方面，电动汽车、储能等多元负荷规模化接入，终端能源消费的清洁化水平持续提升，人均居民生活用电量显著提升，形成以电为中心、多能互补的用能格局。

新型电力系统配电网网格在能量属性方面应具备以下几个特点：

（1）能量供需平衡的匹配性。随着大规模分布式新能源接入配电网，局部配电网的供给和需求之间存在不匹配的情况，需要通过柔性负荷参与电力系统调节实现能量的供需平衡，但也加剧了系统的复杂性和控制难度。

（2）能量资源配置的时空性。依托于能量配置的物理网络，新型电力系统网格能够实现能量在时间和空间上的传输和分配。对能源的基础设施建设提出了更高的要求，需要增大投资进行系统改造，满足资源配置的需求。

根据保持供需平衡下对外能量流动方向的不同，能量属性呈现出能量输入、能量平衡、能量输出三种不同特性。在未来，为实现我国"碳达峰、碳中和"目标，提高可再生能源发电占比势在必行，传统网格仅采用负荷密度指标，难以实际反映网格的能量强度。为了具体衡量新型电力系统配电网网格能量输出特性，更准确地评估电力系统的负荷情况，指导电力系统的规划、运行和控制，以更好地整合传统电力系统和分布式能源系统，实现能源的高效利用和可持续发展，本书在传统负荷密度指标的基础上，进一步引入分布式可再生能源密度量指标衡量网格的能量强度，新型电力系统网格特征评价指标如表4-2所示。

表 4-2 新型电力系统网格特征评价指标

属性	指标	指标释义
能量属性	负荷密度	指区域内最高负荷时平均单位面积的负荷值
	分布式可再生能源密度	指区域内所有可利用分布式能源（风光等）平均单位面积能够提供的发电功率

根据能量属性一级指标，进一步细化供需匹配特性二级指标，提出供需匹配特性评价指标，如表4-3所示。

表 4-3 供需匹配特性评价指标

一级指标	二级指标
负荷密度	负荷密度
分布式可再生能源密度	分布式光伏电源密度
	分散式风电电源密度
	分布式生物质能电源密度
	分布式水电电源密度

4.2.2 技术属性和特性

网格的技术属性，在设备类型上，除了旋转电机、传输线、电缆、变压器、隔离开关、保护设备等传统的交流电力设备以外，还含有大量电力电子设备，如变流器、逆变器、直流-直流转换器等。在技术基础上，传统网格是以同步机为主导的机械电磁系统，新型电力系统配电网网格是电力电子设备和同步机共同主导的混合系统，电力电子设备的广泛应用，能够实现高效能量转换和灵活的电力控制，但也给系统带来潮流非线性、低转动惯量特性等负面影响。

新型电力系统配电网网格在技术属性方面主要有以下几个特点：

（1）不同类型设备的集成性。新型电力系统配电网网格除了需要集成传统交流设备以外，还需要进一步集成大量变流器、逆变器等具有非线性和低转动惯量特性的电力电子设备。由于交、直流设备的工作原理不同，在系统设计、调试和运行方面存在很高的集成难度。

（2）设备能量响应的高效性。新型电力系统配电网网格中的设备需要能够对各类运行方式、突发状态进行快速响应，要求其具备高效的能量响应效率，对设备的各个元器件在功率密度、散热和可靠性等方面存在更高的性能要求，需要设备生产商具备更专业的知识和技能，以确保电力电子设备的正常运行和性能优化。

由于电力电子设备的大范围应用，新型电力系统的技术属性呈现出具备依托电力电子设备实现快速响应的能力，根据响应水平呈现出高响应能力、中等响应能力、无响应能力三种不同特性。进行响应的设备主体主要有分布式电源、多元化负荷、储能设施。新型电力系统网格特征评价指标见表4-4。

表4-4　　　　　新型电力系统网格特征评价指标

属性	一级指标	指标释义
技术属性	分布式电源调节能力	在一个区域内，可调节出力大小的分布式光伏系统安装容量与该区域内分布式光伏系统总容量之间的比值
	负荷响应能力	在一个区域内，可响应负荷与该区域内年最大负荷之间的比值
	储能调节能力	在一个区域内，储能容量与典型日最大负荷峰谷差值一半的比值

根据技术属性一级指标，进一步细化快速响应特性二级指标，提出快速

响应特性评价指标，如表 4-5 所示。

表 4-5　　　　　　　　　　　快速响应特性指标

一级指标	二级指标
分布式电源调节能力	分布式光伏可控率
	分布式风电可控率
	分布式生物质能可控率
	分布式水电可控率
负荷响应能力	电动汽车负荷响应能力
	柔性负荷响应能力
储能调节能力	储能功率调节能力
	储能电量调节能力

4.2.3　环境属性和特性

网格的环境属性，是指配电网运行过程中面临的各种外界自然环境和多样运行工况，包括台风、雷雨等恶劣天气，以及污秽、洪涝、覆冰等恶劣自然条件，以及系统各种运行方式下所面临的多样化运行工况。传统网格对于各类自然灾害的抵御能力较弱，新型电力系统配电网网格具备较强的自愈能力，对灾害的抵御能力较强。在内部扰动方面，传统网格面临的扰动是运行方式切换时，电磁暂态过程引起的扰动，新型电力系统配电网网格需在此基础上，进一步抵御大规模电力电子设备接入造成的非线性、低惯量的影响。

新型电力系统在环境属性方面具备以下几个特点：

（1）气象条件的多变性。复杂多变气象条件给配电网安全可靠运行提出了更高的保障要求，随着柔性互联、直流配电、微电网等技术的使用，使得配电网的供电模式有了更多的选择，需要通过更加灵活的供电模式组合，以满足极端自然灾害情况下配电网的安全供电需求。

（2）运行工况的复杂性。随着新型源荷接入的场景不断丰富，大量电力电子设备需要保持高度的稳定性，以应对配电网可能出现的各类运行工况，以满足各类运行工况的需求。包括常态工况下新型源荷灵活互动需求，故障状态下配电网自愈需求等，以确保系统的稳定运行和安全性。

新型电力系统配电网网格具备很强的抵御自然灾害的能力，同时能够在多种运行工况下保持或快速恢复供电的能力。按照能力的高低可分为高韧性、一般韧性、低韧性等不同场景。新型电力系统网格评价指标见表4-6。

表4-6　　　　　　　　　新型电力系统网格评价指标

属性	指标	指标释义
环境属性	受灾停电频率	在一个区域内，风、雷、污、冰、涝等多种灾害下，平均一年内造成设备停电的次数
	扰动停电频率	在一个区域内，谐波、电压闪变、功率波动下，平均一年内造成设备停电的次数

根据环境属性一级指标，进一步细化抵御扰动特性二级指标，提出抵御扰动特性评价指标，如表4-7所示。

表4-7　　　　　　　　　抵御扰动特性评价指标

一级指标	二级指标
受灾停电频率	台风停电频率（次/年）
	雷害停电频率（次/年）
	污秽停电频率（次/年）
	覆冰停电频率（次/年）
	洪涝停电频率（次/年）
扰动停电频率	谐波停电频率（次/年）
	电压闪变停电频率（次/年）
	功率波动停电频率（次/年）

5 新型电力系统配电网网格划分及应用

5.1 网格边界划分

5.1.1 常规网格边界划分方法

网格物理边界划分通常可按照《配电网规划设计技术导则》（DL/T 5729—2023）的要求进行区块划分，其具体的划分准则主要包括以下几点：

（1）网格划分应优先考虑自然地形地貌与城市大行政区域分界等情况，如大江、大河、山脉、城市区县分界线等，划分网格不应切割上述分界线。

（2）同一网格内，不宜存在两种不同的城市功能分区，中心商业区可视预测负荷情况考虑划分为两个较小网格。

（3）网格划分应尽量考虑将同一用地性质划分至同一网格内，尽量使得网格内部的用地性质一致率最大化。

（4）网格划分不宜切割街区、社区，应尽可能将同一街区、社区划分至同一网格中，视实际预测负荷情况可考虑将多个较小街区、社区划分至同一网格中。

（5）网格划分的分界线宜选取规划分区内较大街道、道路，且尽量保证划分网格形状接近于矩形。

（6）划分的网格面积应适中，不宜过大或过小。

（7）网格内的主要用地性质间的预测负荷密度或分布式电源密度不宜相差过大，应尽可能将源荷密度类似的地块划分至同一网格中。

（8）单一网格内的网架接线形式除农村、山区、绿地等特殊地区外，宜采用环网接线进行供电，且对单一网格，以两组环网为宜，最大不宜超过三组环网。

（9）同一网格内的总预测负荷不宜过大，原则上不应超出三组标准接线的容量，即对于采用单环网接线的网格，网格最大负荷不宜超过 19.8MW，最小负荷不宜低于 3.3MW；对于采用双环网接线的网格，网格最大负荷不宜超过 39.6MW，最小负荷不宜低于 6.6MW。

（10）对于重要用户、专供用户等特殊区域，可不对其划分网格，或单独作为独立网格，网架结构规划时单独进行规划。

5.1.2　计及新要素的网格边界优化方法

常规网格边界的划分对分布式新能源、多元化负荷、分布式储能等新要素考虑较少，当网格内新要素接入规模较大占主导地位时，需要统筹考虑新要素资源的优化配置与运行效率调整优化网格物理边界的划分。本书给出以下两种划分方法供参考应用。

5.1.2.1　基于多层聚类的网格划分方法

基于多层聚类的网格划分方法是利用了数学中的分形理论。配电网网格的分布形态和负荷时间序列均具有分形特征，因此可以基于分形理论中的信息维数与长度-半径维数对网格地理空间及负荷密度的布局一致性进行分析，将网格划分与行政区划、源荷分布等要素紧密结合。

基于多层聚类的网格划分方法是一种自上而下确定标准、自下而上聚类划分的方法，其主要流程包括确定净负荷密度及多级聚类 2 个部分。基于多层聚类的分布层划分流程如图 5-1 所示。

图 5-1　基于多层聚类的分布层划分流程

具体流程如下：

（1）确定配电网规划范围，以及分布层（网格）所覆盖的范围。

（2）使用负荷预测和电力电量平衡方法确定整个配电网的净负荷密度及未来增长情况，确定分布式电源和储能容量的分布情况，最终得到其数据的分布密度统计图表。

（3）明确网格建设目标数量和范围，以网格与大电网功率交换最小为目标，计算得到每个网格应有的最小净负荷值。

（4）确定规划区域内所有地块（或用户区块）的类型、净负荷密度、地理位置和面积。

（5）以类型统一、地理位置接近为目标，利用聚类方法得到各供电单元。

（6）以净负荷值平均最小、地理位置接近为目标，利用聚类方法得到各网格边界。

5.1.2.2　基于机器学习的网格划分方法

基于机器学习的网格划分方法，是利用人工神经网络、强化学习等方法，通过数据驱动建模的方式划分网格边界。例如基于 Q 学习的网格边界划分方法，以概率选取未划分负荷点为智能体，以内部负荷点间距、网格间距、功率缺额差值等为反馈，实现了配电网网格的均匀划分。

机器学习根据数据训练方式的不同，通常可以划分为监督学习、无监督学习及强化学习三类。强化学习是指计算机通过智能体在环境中学习到策略的一种泛化能力，通过有限的外部人工介入，实现监督学习和无监督学习的结合。强化学习原理如图 5-2 所示，在强化学习过程中，智能体通过对环境状态 s_t 的观察，依照自身的策略执行动作 a_t，从而更新环境状态 s_{t+1} 并获得其提供的奖励 r_t 反馈。值得注意的是，强化学习的目标是获得最大的长期收益，因此在学习过程中除了要考虑当前的奖励 r_t，也要考虑未来可能获得的奖励 r_{t+i}。

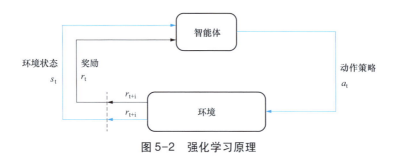

图 5-2　强化学习原理

强化学习根据智能体是否显示学习策略划分为基于价值的方法和基于策略的方法；根据智能体与环境交互采集数据的策略与用以学习更新的策略是否一致划分为同轨策略的方法和离轨策略的方法；根据是否具备学习环境模型划分为基于模型的方法和无模型的方法；根据智能体和环境是否进行交互划分为在线的方法和离线的方法。Q 学习是一种基于价值的、离轨策略的、无模型的及在线的强化学习方法。

在强化学习中，智能体和环境的交互一般是通过马尔科夫决策过程进行建模，通常由状态空间 S、动作空间 A、状态转移函数 P、奖励函数 R，以及折扣因子 γ 构成的五元组表示。强化学习的目的是通过学习得到最优价值函数 Q^*，使得可以通过下式得到最优策略：

$$\pi^*(s) = \mathrm{argmax}_{a \in A} Q^*(s,\ a),\ s \in S$$

式中：$\pi^*(s)$ 表示最优策略。

在有限马尔科夫决策过程中，S 和 A 均为有限集合，因此，可以将 $Q^*(s,\ a)$ 看作是一个 $|S| \times |A|$ 的动作矩阵，Q 学习的过程就是学习一个 Q_π，使之可以收敛到 Q^*，这个 $Q_\pi(s,\ a)$ 就是一个储存着 Q 值（Q 学习法里面的专有名词）的表格，称为 Q 值表。Q 值表的收敛是基于环境奖励和未来可能奖励的增量式实现的，如下式所示：

$$Q(s,\ a) \leftarrow Q(s,\ a) + \alpha \Big[R(s,\ a) + \gamma \max_a Q(s',\ a) - Q(s,\ a) \Big]$$

式中：α 为学习速率；γ 为未来对当前的影响程度；$R(s,\ a)$ 为价值函数；$Q(s,\ a)$ 为迭代过程中的 Q 值；$Q(s',\ a)$ 为当前的 Q 值。

具体流程如下：

（1）确定配电网规划范围（环境），初始化网格数量。

（2）按照一定的概率分布选取未划分的负荷点为智能体，并加入某网格中。

（3）基于 Q 学习算法等机器学习方式，计算网格内部负荷点间距、网格间距、功率缺额差值等指标，作为智能体与环境的交互的反馈值，引导智能体的下一步决策，加入另一个网格使得配电网网格分布更为均衡。

（4）通过智能体与环境的反馈，不断迭代智能体的决策动作，当内部负荷点间距、网格间距、功率缺额差值达到最优后停止迭代，优化网格划分。

5.2 网格建设标准分类

5.2.1 建设需求

根据新型电力系统配电网网格的特性可划分为三类建设需求，分别是基于供需匹配特性的网格平衡性建设需求、基于快速响应特性的网格灵活性建设需求和基于抵御扰动特性的网格韧性建设需求，具体如下：

1. **基于供需匹配特性的网格平衡性建设需求**

网格的平衡性采用 A+～D－的基于经济及负荷发展的等级划分和评价模式，随着新型电力系统低碳化发展，传统的网格等级划分已经不能满足新型电力系统配电网网格划分需求。因此，基于多要素分析，提出新型电力系统配电网网格综合等级的评价方法，网格平衡性建设需求划分如表5-1所示。

表 5-1　　　　网格平衡性建设需求划分

网格（供电区域）等级		净饱和负荷密度（MW/km²）	分布式可再生能源密度（MW/km²）	主要分布地区
A	A+	$\sigma_1 > \sigma_A^1$	$\sigma_s \leq \sigma_R^1$	可再生能源分布较少的直辖市市中心城区，或省会城市、计划单列市核心区
	A	$\sigma_A^2 < \sigma_1 \leq \sigma_A^1$	$\sigma_R^1 < \sigma_s \leq \sigma_R^2$	可再生能源分布适中的经济政治中心地区，拥有一定的可再生能源可利用分布区域
	A－	$\sigma_A^3 < \sigma_1 \leq \sigma_A^2$	$\sigma_s > \sigma_R^2$	可再生能源分布较多的新兴重要城市或在发展过程中的经济政治中心，拥有较多的可再生能源可利用资源
B	B+	$\sigma_B^2 < \sigma_1 \leq \sigma_B^1$	$\sigma_s \leq \sigma_R^1$	缺少可再生能源的地市级及以上城区
	B	$\sigma_B^3 < \sigma_1 \leq \sigma_B^2$	$\sigma_R^1 < \sigma_s \leq \sigma_R^2$	拥有一定可再生能源分布的地市级及以上城区
	B－	$0 < \sigma_1 \leq \sigma_B^3$	$\sigma_s > \sigma_R^2$	可再生能源分布较多的地市级及以上城区，一般不会出现零（负）净饱和负荷密度

网格（供电区域）等级		净饱和负荷密度（MW/km²）	分布式可再生能源密度（MW/km²）	主要分布地区
C	C+	$\sigma_C^2 < \sigma_1 \leq \sigma_C^1$	$\sigma_s \leq \sigma_R^1$	缺少可再生能源的县级及以上城区
	C	$0 < \sigma_1 \leq \sigma_C^2$	$\sigma_R^1 < \sigma_s \leq \sigma_R^2$	拥有一定可再生能源分布的县级及以上城区
	C−	$\sigma_C^3 < \sigma_1 \leq 0$	$\sigma_s > \sigma_R^2$	可再生能源分布较多的县级及以上城区，呈现零（负）净饱和负荷密度
D	D+	$0 < \sigma_1 \leq \sigma_D^1$	$\sigma_s \leq \sigma_R^1$	缺少可再生能源的乡村地区，不会呈现零（负）净饱和负荷密度
	D	$\sigma_D^2 < \sigma_1 \leq 0$	$\sigma_R^1 < \sigma_s \leq \sigma_R^2$	拥有一定可再生能源分布的乡村地区，呈现零（负）净饱和负荷密度，但是负的净饱和负荷密度不会太高
	D−	$\sigma_D^3 < \sigma_1 \leq \sigma_D^2$	$\sigma_s > \sigma_R^2$	可再生能源分布较多的乡村地区

表 5-1 中，σ_1 表示某地区的净饱和负荷密度，σ_A^1、σ_A^2、σ_A^3 表示 A 类供电区域饱和负荷密度的划分边界，同理下标 B、C、D 表示对应供电区域。σ_s 表示某地区的分布式可再生能源密度，σ_R^1、σ_R^2 表示分布式可再生能源密度的划分边界。

2. 基于快速响应特性的网格灵活性建设需求

经统计，网格电源响应特性指标分布区间如表 5-2 所示，按照置信度为 95% 计算表 5-2 区间边界。其中：a_1、a_2、a_3 表示分布式光伏渗透率边界值；b_1、b_2、b_3 表示分布式水电渗透率边界值；c_1、c_2、c_3 表示分布式电源就地消纳率边界值；d_1、d_2、d_3 表示送出负荷占比边界值。

表 5-2　　　　　　　　　　　网格电源响应特性指标分布区间

指标	高调度型网格	低调度型网格	无调度型网格
分布式光伏渗透率	(a_2, a_3)	(a_1, a_2)	$(0, a_1)$
分布式水电渗透率	(b_2, b_3)	(b_1, b_2)	$(0, b_1)$
分布式电源就地消纳率	(c_2, c_3)	(c_1, c_2)	$(0, c_1)$
送出负荷占比	(d_2, d_3)	(d_1, d_2)	$(0, d_1)$

经统计，网格负荷响应特性指标分布区间如表 5-3 所示，按照置信度为 95% 计算表 5-3 区间边界。其中：e_1、e_2、e_3 表示电动汽车负荷渗透率边界值；f_1、f_2、f_3 表示负荷可响应率边界值；g_1、g_2、g_3 表示高峰负荷时间占比边界值；h_1、h_2、h_3 表示车桩比边界值。

表 5-3　　　　　　　　网格负荷响应特性指标分布区间

指标	高响应型网格	低响应型网格	无响应型网格
电动汽车负荷渗透率	(e_2, e_3)	(e_1, e_2)	$(0, e_1)$
负荷可响应率	(f_2, f_3)	(f_1, f_2)	$(0, f_1)$
高峰负荷时间占比	(g_2, g_3)	(g_1, g_2)	$(0, g_1)$
车桩比	(h_2, h_3)	(h_1, h_2)	$(0, h_1)$

经统计，网格储能响应特性指标分布区间如表 5-4 所示，按照置信度为 95% 计算表 5-4 区间边界。其中：i_1、i_2、i_3 表示储能功率渗透率边界值；j_1、j_2、j_3 表示储能电量渗透率边界值；k_1、k_2、k_3 表示源储容量比边界值；l_1、l_2、l_3 表示荷储容量比边界值。

表 5-4　　　　　　　　网格储能响应特性指标分布区间

指标	强调节型网格	弱调节型网格	无调节型网格
储能功率渗透率	(i_2, i_3)	(i_1, i_2)	$(0, i_1)$
储能电量渗透率	(j_2, j_3)	(j_1, j_2)	$(0, j_1)$
源储容量比	(k_2, k_3)	(k_1, k_2)	$(0, k_1)$
荷储容量比	(l_2, l_3)	(l_1, l_2)	$(0, l_1)$

3. 基于抵御扰动特性的网格韧性建设需求

经统计，网格防灾特性指标分布区间如表 5-5 所示，按照置信度为 95% 计算表 5-5 区间边界。其中：m_1、m_2、m_3 表示台风停电频率边界值；n_1、n_2、n_3 表示雷害停电频率边界值；o_1、o_2、o_3 表示污秽停电频率边界值；p_1、p_2、p_3 表示覆冰停电频率边界值；q_1、q_2、q_3 表示洪涝停电频率边界值。

表 5-5 网格防灾特性指标分布区间

指标	较高抗灾需求网格	中等抗灾需求网格	较低抗灾需求网格
台风停电频率（次/年）	(m_2, m_3)	(m_1, m_2)	$(0, m_1)$
雷害停电频率（次/年）	(n_2, n_3)	(n_1, n_2)	$(0, n_1)$
污秽停电频率（次/年）	(o_2, o_3)	(o_1, o_2)	$(0, o_1)$
覆冰停电频率（次/年）	(p_2, p_3)	(p_1, p_2)	$(0, p_1)$
洪涝停电频率（次/年）	(q_2, q_3)	(q_1, q_2)	$(0, q_1)$

经统计，网格抗扰特性指标分布区间如表 5-6 所示，按照置信度为 95% 计算表 5-6 区间边界。其中：r_1、r_2、r_3 表示谐波停电频率边界值；s_1、s_2、s_3 表示电压闪变停电频率边界值；t_1、t_2、t_3 表示功率波动停电频率边界值。

表 5-6 网格抗扰特性指标分布区间

指标	高抗扰动需求网格	中抗扰动需求网格	较抗扰动需求网格
谐波停电频率（次/年）	(r_2, r_3)	(r_1, r_2)	$(0, r_1)$
电压闪变停电频率（次/年）	(r_2, s_3)	(r_1, s_2)	$(0, s_1)$
功率波动停电频率（次/年）	(t_2, t_3)	(t_1, t_2)	$(0, t_1)$

根据以上的划分结果，总结新型电力系统配电网网格的建设需求，网格建设需求划分如图 5-3 所示。

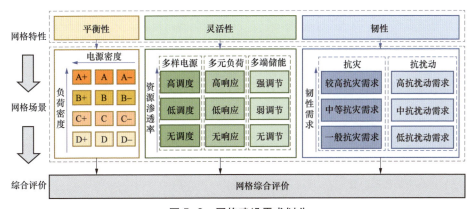

图 5-3 网格建设需求划分

5.2.2 分类方法

5.2.2.1 指标评分方法

新型电力系统网格特征评价指标体系的评价方法为百分制评价法，首先确定评价对象的二级指标数值，其次对各项二级指标进行百分制的打分评价，然后依据各二级指标的权重，加权求得网格综合评价分数。各指标评分公式表见表5-7，其中 x 表示对应的二级指标值。

表5-7　　　　　　　　　各指标评分公式表

二级指标	单位	指标评价公式
负荷密度	MW/km²	$F(x) = \begin{cases} 100, & x \geqslant 30 \\ 80, & 15 \leqslant x < 30 \\ 60, & 6 \leqslant x < 15 \\ 40, & 1 \leqslant x < 6 \\ 20, & 0.1 \leqslant x < 1 \\ 0, & x < 0.1 \end{cases}$
分布式光伏电源密度	MW/km²	$F(x) = \begin{cases} 100, & x \geqslant 50\% \\ 200x, & x < 50\% \end{cases}$
分散式风电电源密度	MW/km²	$F(x) = \begin{cases} 100, & x \geqslant 50\% \\ 200x, & x < 50\% \end{cases}$
分布式生物质能电源密度	MW/km²	$F(x) = \begin{cases} 100, & x \geqslant 50\% \\ 200x, & x < 50\% \end{cases}$
分布式水电电源密度	MW/km²	$F(x) = \begin{cases} 100, & x \geqslant 50\% \\ 200x, & x < 50\% \end{cases}$
分布式光伏可控率	%	$F(x) = \begin{cases} 100, & x \geqslant 50\% \\ 200x, & x < 50\% \end{cases}$
分散式风电可控率	%	$F(x) = \begin{cases} 100, & x \geqslant 50\% \\ 200x, & x < 50\% \end{cases}$
分布式生物质能可控率	%	$F(x) = \begin{cases} 100, & x \geqslant 50\% \\ 200x, & x < 50\% \end{cases}$
分布式光伏可控率	%	$F(x) = \begin{cases} 100, & x \geqslant 20\% \\ 500x, & x < 20\% \end{cases}$

二级指标	单位	指标评价公式
分布式风电可控率	%	$F(x) = \begin{cases} 100, & x \geqslant 20\% \\ 500x, & x < 20\% \end{cases}$
分布式生物质能可控率	%	$F(x) = \begin{cases} 100, & x \geqslant 20\% \\ 500x, & x < 20\% \end{cases}$
分布式水电可控率	%	$F(x) = \begin{cases} 100, & x \geqslant 20\% \\ 500x, & x < 20\% \end{cases}$
电动汽车负荷响应能力	%	$F(x) = \begin{cases} 100, & x \geqslant 20\% \\ 500x, & x < 20\% \end{cases}$
柔性负荷响应能力	%	$F(x) = \begin{cases} 100, & x \geqslant 20\% \\ 500x, & x < 20\% \end{cases}$
储能功率调节能力	%	$F(x) = \begin{cases} 100, & x \geqslant 20\% \\ 500x, & x < 20\% \end{cases}$
储能电量调节能力	%	$F(x) = \begin{cases} 100, & x \geqslant 20\% \\ 500x, & x < 20\% \end{cases}$
台风停电频率	次/年	$F(x) = \begin{cases} 100, & x \geqslant 10 \\ 10x, & x < 10 \end{cases}$
雷害停电频率	次/年	$F(x) = \begin{cases} 100, & x \geqslant 10 \\ 10x, & x < 10 \end{cases}$
污秽停电频率	次/年	$F(x) = \begin{cases} 100, & x \geqslant 10 \\ 10x, & x < 10 \end{cases}$
覆冰停电频率	次/年	$F(x) = \begin{cases} 100, & x \geqslant 10 \\ 10x, & x < 10 \end{cases}$
洪涝停电频率	次/年	$F(x) = \begin{cases} 100, & x \geqslant 10 \\ 10x, & x < 10 \end{cases}$
谐波停电频率	次/年	$F(x) = \begin{cases} 100, & x \geqslant 1 \\ 100x, & x < 1 \end{cases}$
电压闪变停电频率	次/年	$F(x) = \begin{cases} 100, & x \geqslant 1 \\ 100x, & x < 1 \end{cases}$
功率波动停电频率	次/年	$F(x) = \begin{cases} 100, & x \geqslant 1 \\ 100x, & x < 1 \end{cases}$

5.2.2.2 权重设置方法

采用基于层次分析法和主成分分析法相结合的权重设置方法，计算过程如下：

步骤一：首先采用层次分析法分析网格特征评价指标权重。

层次分析法是常用的主观赋权法，主要包括以下 4 个步骤。

（1）构造层次分析结构。基于指标体系的目标达成机理和影响因素，将指标依据包含关系进行层次分级，构造判断矩阵用于分析下级指标所占权重。

（2）构造判断矩阵。判断矩阵是对每一维度的指标进行两两比较，目的是判断同一层次中每个元素的重要程度。每一层次两两比较的具体赋值由决策者直接提供、通过决策者与分析者商讨而定、由分析者通过某种技术咨询而获得，量化人的主观判断标准。

首先，构造判断矩阵 $A = (a_{ij})$，即：

$$A = \begin{bmatrix} a_{11} & a_{12} & \cdots & a_{1n} \\ a_{21} & a_{22} & \cdots & a_{2n} \\ \vdots & \vdots & a_{ij} & \vdots \\ a_{n1} & a_{n2} & \cdots & a_{nn} \end{bmatrix}$$

其数值采用 1-9 标度方法取得，判断矩阵 1-9 标度值含义表如表 5-8 所示。

表 5-8   判断矩阵 1-9 标度值含义表

序号	重要性等级	a_{ij} 赋值
1	两元素同等重要	1
2	元素 i 比元素 j 重要性介于和 3 之间	2
3	元素 i 比元素 j 稍重要	3
4	元素 i 比元素 j 重要性介于 3 和 5 之间	4
5	元素 i 比元素 j 明显重要	5
6	元素 i 比元素 j 重要性介于 5 和 7 之间	6
7	元素 i 比元素 j 强烈重要	7
8	元素 i 比元素 j 重要性介于 7 和 9 之间	8

序号	重要性等级	a_{ij} 赋值
9	元素 i 比元素 j 极端重要	9
10	元素 i 比元素 j 不重要性介于 1/3 和 1 之间	1/2
11	元素 i 比元素 j 不重要	1/3
12	元素 i 比元素 j 不重要性介于 1/5 和 1/3 之间	1/4
13	元素 i 比元素 j 明显不重要	1/5
14	元素 i 比元素不重要性介于 1/7 和 1/5 之间	1/6
15	元素 i 比元素 j 强烈不重要	1/7
16	元素 i 比元素 j 不重要性介于 1/9 和 1/7 之间	1/8
17	元素 i 比元素 j 极端不重要	1/9

（3）校验判断矩阵的一致性。对于比较量超过两个的 1-9 互反性标度判断矩阵，需要矫正判断矩阵，直到使其达到一定的一致性要求。一般采用随机一致性指标（CI）来衡量其一致性程度。

（4）层次单排序。对通过一致性检验的判断矩阵 A 进行标准化处理，得到标准化判断矩阵 R（$n×n$ 阶）如下，其中 r_{ij} 表示矩阵 R 的元素。

$$R =(r_{ij})_{n \times n} = \begin{bmatrix} r_{11} & r_{12} & \cdots & r_{1n} \\ r_{21} & r_{22} & \cdots & r_{2n} \\ \vdots & \vdots & \ddots & \vdots \\ r_{n1} & r_{n2} & \cdots & r_{nn} \end{bmatrix}$$

步骤二：采用主成分分析法调整网格评价指标权重。

主成分分析法是一种经典的降维统计方法，用于降低数据集的复杂性，同时最大程度地减少信息丢失。它使用正交变换来转换一组变量的观察值，将其转变为一组线性不相关变量（称为主成分）表示的值。主成分的个数最多是 min（n，p）-1，其中 n 表示观察值的个数，p 表示原始变量的个数。这种转换采用的方式为第一主成分具有最大方差（即数据中存在尽可能多的差异），之后的每一个主成分与前面的所有主成分正交，且具有当前的最大方差。最终产生的向量组是一列不相关的正交基。这些正交基（主成分）实质上是原始变量的线性组合，其中系数表示变量在成分中的相对重要性。

步骤三：综合定权。

结合层次分析法与主成分分析法所定权重，确定二级指标的综合权重。

5.2.2.3 综合评分计算

根据综合评分计算结果，明确新型电力系统配电网网格建设标准。综合评分计算公式为

$$Y = \sum_{i=1}^{n} w_i F_i(x)$$

式中：Y 为网格综合评价评分；w_i 为第 i 个指标的综合权重；$F_i(x)$ 为第 i 个指标的单项指标评分，如表 5-7 所示；n 为指标总数。

5.2.3 建设标准分类情况

根据网格综合评价得分结果，得到基于综合评价的典型网格场景类型定义，如表 5-9 所示。

表 5-9   基于综合评价的典型网格场景类型定义

网格建设标准分类	网格综合评价得分
极高可靠性建设标准	81~100
高可靠性建设标准	61~80
较高可靠性建设标准	41~60
一般可靠性建设标准	21~40
低可靠性建设标准	0~20

1. 极高可靠性建设标准

极高可靠性建设标准的综合评价得分在 81~100，说明此类网格场景在平衡性上多为 A+、A、A-等极高负荷密度场景，在灵活性上多为高调度、高响应、强调节网格，在韧性上多为较低抗灾需求、低抗扰动需求网格，总体对供电可靠性需求非常高。需要构建十分坚强的网架结构，采取多样化的供电基本要素单元组合来保障区域高质量供电。

从极高供电可靠性需求上分析，极高可靠性需求建设参考标准如表 5-10 所示。

表 5-10   极高可靠性需求建设参考标准

建设要点	建设分项	建设参考标准
网架结构	中压网架结构	电缆双环网、电缆花瓣网、电缆柔性互联网，架空多联络、架空柔性互联网
	低压网架结构	交流联络网、直流环形网、交直柔性互联网
聚合模式	负荷聚合	配电变压器直供交流负荷单元模式、配变直供直流负荷单元模式、低压互联负荷单元模式
	电源聚合	中压电站单元模式
	灵活资源	分布式储能电站单元模式、虚拟电厂单元模式
	微电网聚合	直流微电网单元模式、交流微电网单元模式、交直流混合微电网单元模式

2. 高可靠性建设标准

高可靠性建设标准综合评价得分在 61~80，此类网格场景在平衡性上多为 A、A-、B+ 等较高负荷密度场景，在灵活性上多为高调度、高响应、强调节网格，在韧性上多为中等抗灾需求、中抗扰动需求网格，总体对供电可靠性需求高。需要构建坚强的网架结构，同时结合区域特点考虑投资经济性，采取多样化的供电基本要素单元组合来保障区域高供电可靠性。

从供电可靠性需求上分析，高可靠性需求场景目标供电模式建设参考标准如表 5-11 所示。

表 5-11   高可靠性需求场景目标供电模式建设参考标准

建设要点	建设分项	建设参考标准
网架结构	中压网架结构	电缆单环网、电缆双环网、电缆柔性互联网，架空多联络、架空单联络、架空柔性互联网
	低压网架结构	交流辐射网、交流联络网、直流辐射网、直流环形网、交直柔性互联网
聚合模式	负荷聚合	配变直供交流负荷单元模式、配变直供直流负荷单元模式、低压互联负荷单元模式
	电源聚合	中压电站单元模式
	灵活资源	分布式储能电站单元模式、虚拟电厂单元模式
	微电网聚合	直流微电网单元模式、交流微电网单元模式、交直流混合微电网单元模式

3. 较高可靠性建设标准

较高可靠性建设标准综合评价得分在 41 ~ 60，说明此类网格场景在平衡性上多为 B+、B、B-、C+ 等中负荷密度场景，在灵活性上多为低调度、低响应、低调节网格，在韧性上多为中等抗灾需求、中抗扰动需求网格，总体对供电可靠性需求较高。需要在满足负荷用电的基础上构建较为坚强的网架结构，采取多样化的供电基本要素单元组合来保障区域灵活发展。

从供电可靠性需求上分析，较高可靠性需求场景目标供电模式建设参考标准如表 5-12 所示。

表 5-12　　　较高可靠性需求场景目标供电模式建设参考标准

建设要点	建设分项	建设参考标准
网架结构	中压网架结构	电缆单环网、电缆双环网、架空多联络、架空单联络
	低压网架结构	交流辐射网、交流联络网、直流辐射网
聚合模式	负荷聚合	配变直供交流负荷单元模式、配变直供直流负荷单元模式、低压互联负荷单元模式
	电源聚合	中压电站单元模式、中压汇流站单元模式
	灵活资源	分布式储能电站单元模式、虚拟电厂单元模式
	微电网聚合	直流微电网单元模式、交流微电网单元模式

4. 一般可靠性建设标准

一般可靠性建设标准的综合评价得分在 21 ~ 40，说明此类网格场景在平衡性上多为 C+、C、C- 等较低负荷密度场景，在灵活性上多为低调度、低响应、无调节网格，在韧性上多为高抗灾需求、高抗扰动需求网格，总体对供电可靠性需求不高。通过完善区域电网设施设备，同时构建充足供电能力的网架结构，满足用户用电需求。

从供电可靠性需求上分析，一般可靠性需求场景目标供电模式建设参考标准如表 5-13 所示。

表 5-13　　一般可靠性需求场景目标供电模式建设参考标准

建设要点	建设分项	建设参考标准
网架结构	中压网架结构	电缆单环网、架空多联络、架空单联络
	低压网架结构	交流辐射网、直流辐射网
聚合模式	负荷聚合	配变直供交流负荷单元模式、配变直供直流负荷单元模式
	电源聚合	中压电站单元模式、中压汇流站单元模式
	灵活资源	分布式储能电站单元模式
	微电网聚合	直流微电网单元模式、交流微电网单元模式

5. 低可靠性建设标准

低可靠性建设标准的综合评价得分在 0~20，说明此类网格场景在平衡性上多为 D+、D、D- 等低负荷密度场景，在灵活性上多为无调度、无响应、无调节网格，在韧性上多为高抗灾需求、高抗扰动需求网格，总体对供电可靠性需求较低。要以完善区域电网设施设备为主，灵活应用地区特点发展有特色的乡镇配电网。

从供电可靠性需求上分析，低可靠性需求场景目标供电模式建设参考标准如表 5-14 所示。

表 5-14　　低可靠性需求场景目标供电模式建设参考标准

建设要点	建设分项	建设参考标准
网架结构	中压网架结构	架空单联络、架空单辐射
	低压网架结构	交流辐射网、直流辐射网
聚合模式	负荷聚合	配变直供交流负荷单元模式、配变直供直流负荷单元模式
	电源聚合	中压电站单元模式、中压汇流站单元模式
	灵活资源	无
	微电网聚合	无

5.3 新型电力系统配电网网格划分案例

5.3.1 网格边界划分案例

1. 案例介绍

某地区配电网网架拓扑结构如图 5-4 所示，图中 G 表示 110kV 变电站节点，PV 表示分布式光伏接入节点，W 表示分散风电接入节点，同时分布式电源接入节点配置一定规模的储能设施。从图中可以看出，节点 30、32、33、34、38 为 110kV 变电站节点，31、35、39 为分散风电接入节点，36、37 为分布式光伏接入节点。

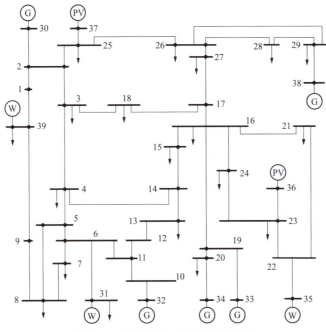

图 5-4　某地区配电网网架拓扑结构

2. 网格边界优化

当不考虑分布式光伏、分散风电时，可按传统方法将该区域配电网划分为 4 个网格，每个网格内具有 1~2 座 110kV 变电站和一定数量的 10kV 线路。传统网格划分结果如图 5-5 所示。

当进一步考虑分布式光伏、分散风电时，按新型电力系统配电网网格划分方法优化网格边界，将该区域配电网划分为 6 个网格，如图 5-6 所示。

从划分结果上看，网格 1 和网格 5 内部同时包含了分布式电源和 110kV 变电站，属于能量平衡性网格。网格 3 内部仅有分散风电，为能量送出型网格。网格 2、网格 4、网格 6 内部仅包含了 110kV 变电站，为能量送入型网格。通过网格的合理划分，能够有效减少网格间的功率交换，降低对上级电网的依赖。

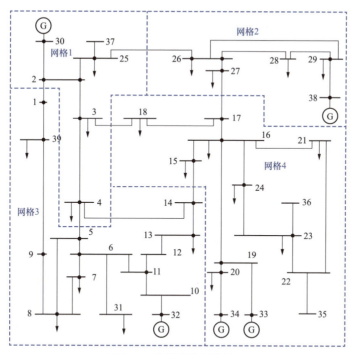

图 5-5　传统网格划分结果

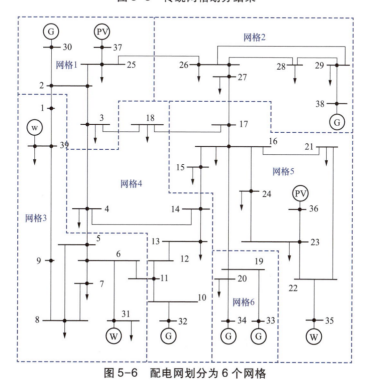

图 5-6　配电网划分为 6 个网格

5.3.2 建设标准分类案例

本书选取福建省108个网格进行建设标准分类，并对其中6个网格的分类结果进行说明。

5.3.2.1 建设需求评价

1. 供需匹配需求评价

经福建地区网格现状数据统计分析，供需匹配需求评价如表5-15所示。

表5-15 供需匹配需求评价

供电区域等级		负荷密度 σ_1 (MW/km²)	分布式可再生能源密度 σ (MW/km²)
A+	能量送入型	$\sigma_1 \geqslant 30$	$\sigma \leqslant 0.1$
	能量平衡型		$0.1 < \sigma \leqslant 1$
	能量输出型		$\sigma > 1$
A	能量送入型	$15 \leqslant \sigma_1 < 30$	$\sigma \leqslant 1$
	能量平衡型		$1 < \sigma \leqslant 3$
	能量输出型		$\sigma > 3$
B	能量送入型	$6 \leqslant \sigma_1 < 15$	$\sigma \leqslant 3$
	能量平衡型		$3 < \sigma \leqslant 10$
	能量输出型		$\sigma > 10$
C	能量送入型	$1 \leqslant \sigma_1 < 6$	$\sigma \leqslant 1$
	能量平衡型		$1 < \sigma \leqslant 3$
	能量输出型		$\sigma > 3$
D	能量送入型	$0.1 \leqslant \sigma_1 < 1$	$\sigma \approx 0$
	能量平衡型		$0 < \sigma \leqslant 1$
	能量输出型		$\sigma > 1$

2. 快速响应需求评价

快速响应特性建设需求如下，其中表5-16为电源响应评价指标情况，表5-17为负荷响应特性评价指标情况，表5-18为储能响应特性评价指标情况。

表 5-16　　　　　　　　　　　电源响应评价指标情况

指标	高调度型网格	低调度型网格	无调度型网格
分布式光伏可控率	>25%	5%~25%	0~5%
分布式风电可控率	>37%	16%~37%	0~16%
分布式生物质能可控率	64%~89%	89%~100%	100%
分布式水电可控率	16%~51%	0~16%	0

表 5-17　　　　　　　　　　负荷响应特性评价指标情况

指标	高响应型网格	低响应型网格	无响应型网格
电动汽车负荷响应能力	13%~100%	8%~13%	0~8%
柔性负荷响应能力	5%~100%	1%~5%	0~1%

表 5-18　　　　　　　　　　储能响应特性评价指标情况

指标	强调节型网格	弱调节型网格	无调节型网格
储能功率调节能力	10%~100%	5%~10%	0~5%
储能电量调节能力	3%~100%	1%~3%	0~1%

3. 抵御扰动需求评价

网格抵御扰动特性建设需求如下，其中表 5-19 为防灾特性评价指标情况，表 5-20 为抗扰特性划分典型场景平均指标情况。

表 5-19　　　　　　　　　　防灾特性评价指标情况

指标	较高抗灾需求网格	中等抗灾需求网格	较低抗灾需求网格
台风停电频率（次/年）	>3.5	1.5~3.5	0~1.5
雷害停电频率（次/年）	>4.9	0.5~4.9	0~0.5
污秽停电频率（次/年）	>2.1	0.3~2.1	0~0.3
覆冰停电频率（次/年）	>0.5	0.1~0.5	0~0.1
洪涝停电频率（次/年）	>0.5	0.1~0.5	0~0.1

表 5-20　　　　　　　　　　抗扰特性划分典型场景平均指标情况

指标	高抗扰动需求网格	中抗扰动需求网格	较抗扰动需求网格
谐波停电频率（次/年）	>1	0.1~1	0~0.1

指标	高抗扰动需求网格	中抗扰动需求网格	较抗扰动需求网格
电压闪变停电频率（次/年）	>1	0.1~1	0~0.1
功率波动停电频率（次/年）	>1	0.1~1	0~0.1

5.3.2.2　指标得分和权重

以福建省某网格6个典型网格为例，说明指标得分计算和权重设置结果。由于福建省分布式风电和分散式生物质能电源规模较少，因此不考虑这两类分布式电源的影响。

1. 网格的基本信息

网格1为省会城市市区网格，分布式电源接入较少，可调节负荷潜力有待挖掘，暂无储能并网，受灾和受扰动停电次数较少。

网格2为省会城市中心市区网格，分布式光伏接入较多，可调节负荷潜力较好，目前有大工业光伏配套储能并网，受灾和受扰动停电次数较少。

网格3为地级市市区网格，分布式电源接入较少，可调节负荷潜力有待挖掘，目前有微电网配套储能并网，因受灾和受扰动导致电网停电的频率较高，对电网韧性存在一定建设要求。

网格4为地级市市中心区网格，分布式电源接入较少，可调节负荷潜力较大，目前有微电网配套储能并网，因受灾和受扰动导致电网停电的频率较低。

网格5为县城镇网格，分布式电源接入较多，可调节负荷潜力有待挖掘，目前无储能并网，因受灾导致电网停电的频率较高。

网格6为乡村网格，分布式电源接入非常多，目前暂无可调节负荷，35kV变电站配套储能并网，因受灾和受扰动导致电网停电的频率较高。

6个网格的指标情况如表5-21所示。

2. 得分计算

根据网格指标水平，计算得到网格各项指标得分，如表5-22所示。

表 5-21   6 个网格的指标情况

二级指标	网格 1	网格 2	网格 3	网格 4	网格 5	网格 6
负荷密度（MW/km^2）	21.65	16.21	12.11	13.21	2.87	0.197
分布式光伏渗透率（%）	6.99	18.28	2.35	9.23	10.98	37.98
分布式水电渗透率（%）	0	0	7.88	0	19.66	105.67
电动汽车充电负荷渗透率（%）	7.35	16.22	12.87	11.87	4.67	0
负荷可响应率（%）	4.13	7.83	2.33	7.88	3.88	0
储能功率渗透率（%）	0	2.01	1.53	2.85	0	10.66
储能电量渗透率（%）	0	0.35	0.28	0.67	0	3.92
台风停电频率（次/年）	0.1449	1.899	0.6771	0.0899	5.982	12.8729
雷害停电频率（次/年）	0	0.231	4.8722	2.3451	7.883	8.4201
污秽停电频率（次/年）	0	0	0.1231	0.7761	0.067	0.527
覆冰停电频率（次/年）	0.0483	0	0	0.0804	0.113	0.4853
洪涝停电频率（次/年）	0.0966	0.452	0	0.0788	0.875	0
谐波停电频率（次/年）	0	0	0.3432	0	0	0
电压闪变停电频率（次/年）	0	0.175	1.1434	0	0	1.221
功率波动停电频率（次/年）	0	0	0	0.0725	0	0.986

表 5-22   网格各项指标的得分情况

二级指标	网格 1	网格 2	网格 3	网格 4	网格 5	网格 6
负荷密度（MW/km^2）	80	80	60	60	40	20
分布式光伏渗透率（%）	13.98	36.56	4.7	18.46	21.96	75.96
分布式水电渗透率（%）	0	0	15.76	0	39.32	100
电动汽车充电负荷渗透率（%）	36.75	81.1	64.35	59.35	23.35	0
负荷可响应率（%）	20.65	39.15	11.65	39.4	19.4	0
储能功率渗透率（%）	0	10.05	7.65	14.25	0	53.3
储能电量渗透率（%）	0	1.75	1.4	3.35	0	19.6
台风停电频率（%）	1.449	18.99	6.771	0.899	59.82	100
雷害停电频率（%）	0	2.31	48.722	23.451	78.83	84.201
污秽停电频率（%）	0	0	1.231	7.761	0.67	5.27
覆冰停电频率（%）	0.483	0	0	0.804	1.13	4.853
洪涝停电频率（%）	0.966	4.52	0	0.788	8.75	0

续表

二级指标	网格1	网格2	网格3	网格4	网格5	网格6
谐波停电频率（%）	0	0	34.32	0	0	0
电压闪变停电频率（%）	0	17.5	100	0	0	100
功率波动停电频率（%）	0	0	0	7.25	0	98.6

3. 权重设置

计算 AHP（层次分析法）权重和 PCA（主成分分析法）权重后，得到各指标综合权重如表 5-23 所示。

表 5-23   各指标综合权重

一级指标	二级指标	AHP权重	PCA权重	综合权重
供需场景	负荷密度（MW/km²）	0.267	0.115	0.188
	分布式电源密度（MW/km²）	0.033	0.022	0.029
响应场景	分布式光伏可控率（%）	0.085	0.118	0.107
	分布式水电可控率（%）	0.014	0.068	0.033
	电动汽车充电负荷响应率（%）	0.032	0.058	0.046
	柔性负荷响应率（%）	0.085	0.076	0.086
	储能功率调节率（%）	0.085	0.060	0.077
	储能电量调节率（%）	0.032	0.069	0.050
韧性场景	台风停电频率（%）	0.109	0.095	0.109
	雷害停电频率（%）	0.076	0.051	0.067
	污秽停电频率（%）	0.042	0.063	0.055
	覆冰停电频率（%）	0.025	0.036	0.032
	洪涝停电频率（%）	0.016	0.022	0.020
	谐波停电频率（%）	0.023	0.015	0.020
	电压闪变停电频率（%）	0.031	0.036	0.036
	功率波动停电频率（%）	0.012	0.016	0.015

5.3.2.3 网格建设标准分类结果

根据指标得分和权重设置情况，可得到网格建设标准分类案例。其中网格 1、2 为典型的市区高负荷密度网格，新型源荷储要素相对较弱，防灾安全方面为低抗灾需求，总体上依然按照传统网格划分对应的目标供电模式进行电网建设；网格3、4为典型的沿海工业网格，新型源荷要素中需求响应及储能调节能力相对较强，同时容易遭受台风盐雾影响，综合网格评价分数较高，可加强区域电网建设匹配目标供电模式；网格5、6为典型的山区网格，光伏和水电渗透率高，区域输出电量大，新型源荷要素评分高，防灾安全方面为中抗灾需求，应强化区域电网建设，做好能源送出和防灾减灾准备。网格建设标准分类案例见表5-24。

表5-24 网格建设标准分类案例

网格名称	供需场景	响应场景			韧性场景		综合得分
网格1	A+	电源无调度	负荷低响应	储能弱调节	低抗灾韧性	低抗扰韧性	73
网格2	A	电源低调度	负荷高响应	储能强调节	中抗灾韧性	中抗扰韧性	71
网格3	B	电源低调度	负荷无响应	储能无调节	中抗灾韧性	高抗扰韧性	49
网格4	B	电源低调度	负荷低响应	储能弱调节	低抗灾韧性	中抗扰韧性	67
网格5	C	电源无调度	负荷低响应	储能弱调节	高抗灾韧性	低抗扰韧性	69
网格6	D	电源高调度	负荷低响应	储能无调节	高抗灾韧性	高抗扰韧性	54

6 新型电力系统配电网网格化规划内容与流程

6.1 规划的新要求

网格化规划需进一步考虑规划边界、规划内容和规划方法的新需求，并向新型电力系统配电网网格化规划转型。

6.1.1 规划新边界

1. 需要进一步考虑分布式新能源不确定性的影响

大规模分布式电源接入给配电网带来了大量不确定性，只考虑分布式电源最小出力场景会造成大量电网设备冗余，因此需要在规划模型中充分考虑分布式电源不确定性的影响，提高新型电力系统网格化规划的精益化水平。传统网格化规划边界是仅考虑最恶劣断面（最大负荷和最小出力）等典型场景下的源荷匹配。对于新型电力系统配电网网格规划，分布式电源出力、储能、需求响应等多种灵活性资源使得配电网不确定性提高，需要建立基于概率分布的不确定性规划边界。

2. 多元化负荷组成的典型场景集成为新的负荷边界

随着用户侧分布式电源、储能、需求侧响应等新要素及电动汽车、集群空调、电供暖等新类型的加入，使得负荷具有了多元灵活的特性。新型电力系统配电网网格化规划的边界也由传统的单一负荷断面转变为典型负荷场景集。以多个典型的负荷场景作为规划的负荷边界，适应分布式电源波动出力，调动灵活性资源调控能力。

3. 考虑全社会成本最小化成为新的投资边界

传统网格化规划仅关注配电网本身的发展情况，根据电网企业的投资能力，确定年度的规划方案和项目安排。但随着电力体制改革的日益深化，配电网新要素将引入分布式电源运营商、储能运营商、虚拟电厂运营商等多方利益主体，电网企业仅是利益主体的其中之一。因此新型电力系统配电网网格化规划将从关注电网本身的建设发展向统筹多方利益主体的协调发展转变，要考虑全社会建设成本最小化、效益最大化成为网格化规划新的投资边界。

6.1.2　规划新内容

1. 分析对象由电网规划向源网荷储新要素协同规划扩展

传统网格化规划以关注电网环节的网架规划、设备配置为主，新型电力系统配电网网格化规划除了关注电网环节外，为适应将配电网打造为资源配置平台的目标，实现资源的优化配置，还需要对分布式电源、柔性负荷、储能等新要素进行优化配置。在分布式电源规划阶段，需要结合待规划区域历史新能源分布情况、城建规划等信息确定分布式新能源的建设位置及规模，还要明确其大致建设和投运时间；在储能配置阶段，要结合待规划区域的负荷波动情况、新能源装机容量、柔性负荷预测等信息确定储能设备的类型、位置与容量。

2. 网架结构由交流网架规划向交直流混合网架规划扩展

新型电力系统配电网网格化规划则需要根据规划区域的不同负荷需求，构建交流配电网、直流配电网和交直流配电网等多类型网架。需要在传统交流网架上，进一步探索直流网架的构建方式及交直流网架的耦合方式，根据不同的源荷接入需要，形成满足分布式电源就地消纳及新型负荷即插即用的网架结构。

3. 规划内容由传统一次规划向一二次协同规划扩展

新型电力系统配电网二次系统的发展对配电网规划带来重大的影响，单独考虑一次系统的规划方法难以满足系统可靠性的要求，需要向一二次协同规划扩展。立足配电网供电可靠性提升需要，将智能终端、通信网、调控系统的规划需求融入一次规划之中。

6.1.3 规划新方法

1. 由确定性规划方法变为不确定性规划方法

新型电力系统配电网网格规划是基于多个典型场景的不确定性规划方法。在负荷预测阶段综合考虑需求侧响应、用户侧储能和电源等影响，建立预测年中的日/小时净负荷概率分布模型，构成典型场景集；在源荷储协同配置阶段，基于分布式可再生能源的出力概率模型及资源分布进行定址定容，同时考虑柔性负荷和储能的动态调控能力及不同网格间的协同能力。

2. 需考虑灵活互动需求形成规调一体化的规划方法

新型电力系统配电网网格化规划需要充分考虑电网运行对电网规划的影响。在规划阶段需要考虑分布式电源的主动支撑能力、虚拟电厂的需求响应过程、储能的动态存放等，形成规调一体的规划方法。

3. 需考虑"安全、低碳、经济"需求形成三元目标规划方法

传统配电网网格化规划仅考虑"安全、经济"两大因素，在满足供电可靠性目标的前提下，选取最经济的规划方案。但随着"碳达峰、碳中和"目标的提出，碳排放强度通常成为网格新的规划目标，需要考虑分布式光伏、电动汽车、储能等新要素对碳减排的影响，结合其建设地点、规模、投产时序等建设内容，提出考虑"安全–低碳–经济"三元目标的配电网多目标规划方法。

6.2 规划原则

1. 因地制宜，科学合理

立足网格的发展定位，在深入分析网格现状的基础上，制定网格主要建设方向及重点任务；综合实际可操作因素及远景发展定位，适度超前，科学合理制定适应网格未来发展的长远规划。

2. 生态友好，绿色持续

融合生态文明建设理念，坚持走清洁低碳的可持续发展之路，促进分布式新能源的高效利用、灵活接入、全额消纳，提升清洁能源利用及消费比重，构建生态友好、低碳化、高技术化的绿色经济。

3. 安全可靠，高效融合

根据网格供需特点，探索合理的能量供应模式，加快新型基础设施建设，鼓励分布式储能、电动汽车等多种形式的分布式能源的灵活接入和有效互动，进一步提升能源高效利用水平。

4. 智能互动，互联开放

要满足分布式电源、储能设备运营商及用户等多主体灵活接入需求。引入互联网共享开放思维，深化先进信息技术融合改造，加快"云大物移智链边"技术的融合创新和应用，为创新能源服务新业态、新模式建立土壤平台。

6.3 规划流程

新型电力系统配电网网格化规划工作主要包括资料收集、网格层级划分、现状诊断分析、负荷预测、目标供电模式规划、近期过渡方案制定和成效评价等内容。网格化规划主要流程如图 6-1 所示。

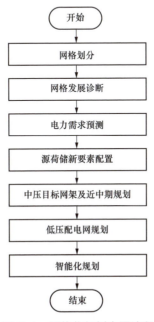

图 6-1 网格化规划主要流程

（1）网格发展诊断。逐变电站、逐变压器、逐线路分析与总量分析、网格分析相结合，深入剖析配电网发展现状、多元负荷布局及出力情况，从供电质量、供电能力、网架结构、设备水平、智能互动、绿色发展、经济高效等方面，诊断配电网存在问题及原因，梳理配电网发展负面清单。

（2）电力需求预测。充分考虑网格源荷特性，结合区域分布式电源、电动汽车等分布式源荷发展情况，采用以空间负荷预测为主的方法，自下而上逐级测算地块、供电网格饱和负荷及各规划水平年负荷。

（3）源荷储新要素配置。根据负荷预测结果，考虑可靠性需求、用电负荷发展、负荷性质、重要用户构成、变电站供电范围的完整性、与地方规划有效衔接等因素，在传统经济发展基本要素的基础上，进一步考虑分布式电源、电动汽车、储能等新要素的优化配置方案。

（4）中压目标网架及近中期规划。依据负荷预测结果，采用场景化的思路制定各供电网格饱和年 10kV 目标供电模式。结合网架规划结果，进一步优化供电网格划分，根据供电单元划分标准，将供电网格划分成若干具备"自治自愈"能力的供电单元。以远景年网架为目标，结合现状网架及规划水平年负荷预测结果，重点解决现状网络存在的问题，确定各供电单元规划水平年过渡网架规划方案，实现中间年网络到远景年目标网架的有序过渡，并进一步优化供电单元划分。

（5）低压配电网规划。根据低压配电网规划建设标准开展低压配电网规划，解决地区现状问题，提升低压配电网对新型源荷储要素的接纳能力，在典型场景的发展方向指导下形成低压配电网规划方案。

（6）智能化规划。通过新能源并网控制、综合能源管理、虚拟电厂、需求响应等多方案、多系统协同建设、协调运行，构建系统和元件的新型网络安全系统，使系统运行柔性可控、高度动态平衡。智能化规划由过去的单一"大电网+调度配电网"规划方式向"一二次协同规划"方式过渡，实现配电网源网荷储全要素、采传存用全环节、物数智全维度协同。

6.4 网格化规划内容深度要求

6.4.1 网格发展诊断

诊断分析工作是通过诊断分析电网发展和企业经营指标现状水平，逐年对比主要电网发展、企业经营指标的发展趋势，总结关键指标发展规律，全面梳理影响配电网发展和经济效益的主要指标，有针对性地提出提升电网发展质量、安全稳定水平、运行效率效益，提高企业资源配置能力、可持续发展能力的措施和建议。在大数据发展的背景下，网格诊断的基础数据应以公司各专业信息化系统为来源，并保证数据完整、真实、准确。

网格发展诊断分析要注重宏观与微观相结合、定性与定量相结合、静态与动态相结合的基本要求，具体是宏观与微观相结合：建立分级分类的诊断指标体系，既能反映网格发展的整体水平，又能反映局部存在的问题与不足，提出针对性的措施和建议。定性与定量相结合：以诊断指标为依托，定量分析网格发展现状及发展趋势，定性分析影响网格发展的经济社会环境、土地能源资源等因素，分析内外部环境和政策的影响。静态与动态相结合：既要分析诊断年的电网静态指标，同时依据指标的时序关系分析指标逐年的变化情况。需要强化大数据技术在诊断分析工作中的应用，深入分析指标间的关联关系和变化趋势。

新型电力系统网格诊断和传统网格诊断的主要不同之处在于传统网格重点关注网格内的设备情况，忽视了网格的响应特性和抗扰特性，新型电力系统配电网网格诊断的指标更加多元化，需要进一步收集更加细致的网格运行信息。

6.4.2 电力需求预测

电力电量平衡的目的在于校核源端与荷端的匹配情况，并对各级配电网的变、配电变压器和线路容量提出需求。新型电力系统配电网电力电量平衡方法和传统方法的区别，一是要进一步考虑分布式电源、电动汽车、储能等新要素的影响，利用分布式电源、电动汽车、储能的出力预测结果开展电力电量平衡分析；二是在传统最大负荷场景的基础上，增加分布式电源最大出力、最大净负荷出力、节假日分布式电源反送电等新场景。重点开展电量需求预测、电力负荷预测、负荷特性分析、响应能力分析等内容，具体如下。

1. 电量需求预测

电量需求预测应包括如下内容：

（1）网格现况及水平年（近期逐年）预测的需电量及增长速度。

（2）对规划期内电量需求预测的分析。

（3）对远景年电量需求的展望。

2. 电力负荷预测

电力负荷预测应包括如下内容：

（1）网格现况及水平年（近期逐年）最大负荷及增长速度。

（2）对规划期内电力负荷需求预测的分析。

（3）对远景年电力负荷的展望。

3. 负荷特性分析

负荷特性分析应包括以下内容：

（1）网格现况及水平年的负荷特性和参数，包括平均负荷率、最小负荷率、最大峰谷差、最大负荷利用小时数等。

（2）网格现况及水平年最大负荷曲线、典型日负荷曲线。

（3）除了开展常规负荷特性的分析，还应分析电动汽车、柔性负荷等对本地电力负荷特性的影响。提出多个电力需求预测水平，对其进行分析，并选择其中一个预测水平作为网格规划设计的基本方案。

4. 网格响应能力分析

网格响应能力分析应包括以下内容：

对网格内分布式电源、电动汽车、储能规划进行总体描述和分析，包括能源资源概况、分布式电源、电动汽车、储能接入规模和类型，并分析源荷储新要素的出力特性；列出规划期新增分布式电源、电动汽车、储能的项目建设容量、计划投产时序、接入电压等级、建设进度等；明确源荷储新要素的响应能力。

6.4.3　源荷储新要素优化配置

重点针对网格分布式新能源、电动汽车和储能优化配置，包括以下内容。传统网格化规划中不包括对源荷储新要素的优化配置环节。

1. 分布式新能源优化

分布式新能源接入网格方案主要是针对分布式新能源发电系统（如太阳能、风能等）接入配电网的方案，以满足新能源接入的要求，保证配电网系统的安全、可靠运行。通过优化接入方案，可以有效地解决分布式新能源接入配电网的问题，提高新能源发电系统的接入可靠性和效率，推动新能源在配电网中的普及和应用。这主要包括承载力评估和分布式新能源接入系统设计两方面内容。

（1）承载力评估。按照我国行业标准《分布式电源接入电网承载力评估导则》（DL/T 2041—2019），对于中压配电网，根据电压无功运行特性的相关规定，在设备持续不过载和短路电流、电压偏差、谐波不超标的条件下，电网接纳电源、负荷的最大容量。开展承载力评估工作，具体归纳配电网分布式电源（DG）承载力影响因素包括配电网设备和线路的载流能力、负荷水平、节点电压水平和电压控制能力、电能质量指标、短路电流水平、保护配置、可靠性、并网稳定性、能量优化管理手段等。

（2）分布式电源接入方案设计。开展分布式电源接入系统方案设计，包括接入电压等级、接入点、接入容量等内容，接入方案应满足电能质量、有功无功控制、通信与保护、电能计量、并网校核等相关要求。

2. 电动汽车优化

主要是针对电动汽车充电设施接入配电网的方案，以满足充电设施的用电需求，同时保证配电网系统的安全、可靠运行。通过优化接入方案可以有效地解决电动汽车充电设施接入配电网的问题，提高充电设施的用电效率和接入可靠性，推动电动汽车在配电网中的普及和应用。优化方案的内容主要包括充（换）电设施的供电电压等级、接入点和充电设备及辅助设备的总容量。

3. 储能优化

储能的总体配置原则为电源侧推进"新能源+储能"发电方式，按照储能的不同接入位置，形成电网侧、电源侧、用户侧储能的优化配置方案。

（1）电网侧储能。考虑削峰填谷，提高电能质量和供电可靠性的需求，建设电网侧储能。

（2）电源侧储能。提升常规电源机组的调节性能和运行灵活性，提升新能源机组平滑出力，配置电源侧储能，实现新能源提高风、光等可再生资源的利用率。

（3）用户侧储能。考虑用户对供电可靠性、峰谷套利等差异化需求，充分考虑技术经济性，配置用户侧储能。

6.4.4 中压网架优化

传统网格化中压配电网规划是对交流配电网进行规划，根据架空网、电缆网的建设条件，形成满足不同可靠性需求的网架结构。对于新型电力系统配电网网格化规划，除了传统交流网架规划外，还需要进一步考虑直流配电网、交直流混合配电网、配微电网融合等网架新形态。具体包括以下内容：

1. 中低压网架规划的主要内容

应远近结合提出过渡网架规划方案，在满足安全运行与供电充裕的前提下，按照目标网架规划结果提出过渡方案，实现电网发展的经济性和可持续性。主要任务如下：

（1）以供电网格为单位分析建设改造重点，结合电网现状分析结果明确不同阶段年、不同用电网格电网建设与改造的重点；根据电网现状评估结果、负荷发展情况、远期规划情况，提出规划水平年建设与改造方案。

（2）以供电单元为单位，进行规划方案合理性论证与优选。在供电单元内对各用电网格过渡方案从供电能力、网络接线、多元化负荷接入、廊道预留、规划近远景衔接等方面进行论证与完善；以地块建设开发、道路建设改造、变电站配套送出、现状负面问题严重程度等为条件分析论证项目的实施时间窗口，以综合效益最大化为目标，进行项目优选、排序与整合，形成最终过渡方案。

从时间轴线上看，目标网架规划成果是居于时间轴末端的一个点，而过渡年规划方案则是沿时间轴线呈带状分布。过渡年规划方案时间窗口安排的合理性，对配电网规划成果也将产生重要影响。为此，按照"一项多能、效益优先"的理念，对过渡年规划方案排序方案进行研究，最终确定过渡方案时间序列安排，按照初步方案提出、过渡年方案确立、项目整合排序三个流程依次展开。

初步方案提出：分为四个方面，包括按照问题分级逐一提出解决方案，按照标准接线逐组提出优化方案，按照电源建设逐点提出配出方案，按照用户需求逐个提出接入方案，在此基础上形成完备的初步方案项目库，并作为整合基础。

过渡年方案确立：按照"需求先行、效益兼顾"的原则，以问题解决迫切程度、电源点建设时序、用户用电时间、市政配套建设时间、区域开发时间等为判断依据，以网格为单位，提出过渡期的配电网建设项目。

项目整合排序：以"一项多能"为目标，在网格内将位置相近的线路、设备等相关联建设改造方案按照时间窗口节点进行整合，优化项目储备库，一个项目解决同区域多个问题，避免后续重复建设与投资，形成时间窗口内实施项目综合效益最大化。

2. 过渡方案的制定

过渡方案制定按照供电单元分类，秉承"成熟一批、固化一批"的规划思路，针对电网接线方式现状，选择适应性的过渡路线，差异化开展网架优化工作。主要原则如下：

（1）已形成目标网架的供电单元，原则上不再安排网架调整的建设改造方案，只考虑设备技术改造及用户接入工程，用户接入工程需要遵循该供电网格典型接线方式要求，避免形成新的不规范结构。

（2）未形成目标网架的供电单元，优先考虑在供电单元内部简化网架结构并逐步过渡至目标网架，原则上不再考虑供电单元间的新增联络。对于跨供电单元的复杂接线组，以目标网架为指导分析优化改造的实际需求，优化联络节点、拆解冗余联络。

6.4.5 低压配电网规划

传统低压配电网规划主要针对低压线路、低压台区等低压设备进行规划，新型电力系统配电网网格还需要进一步考虑网格内分布式电源接入、电动汽车接入、分布式储能接入等需求。具体包括以下内容：

1. 确定接线模式

根据不同供电区域的要求，结合考虑高层住宅小区、多层住宅、城中村等供电场景，确定接线模式。

2. 台区容量规划

针对新建高层住宅小区等负荷密集、发展较快区域、城中村、季节性负荷集中台区，制定合理的配变容量。

3. 线路截面选型

针对不同供电区域、不同供电场景，明确架空、电缆线路导线截面。

4. 分布式电源接入规划

明确不同规模、上网模式分布式电源的建设基本要求，按照便于分布式电源就近消纳的原则，开展接入系统方案规划和二次系统规划。

5. 电动汽车接入规划

明确不同类型住宅区域充电桩的接入方案。

6. 分布式储能接入规划

推荐用户按需配置储能。

6.4.6 智能化规划

新型电力系统配电网网格的智能化规划要考虑一次设备的建设时序和需求，以一二次融合的方式开展智能化规划，具体包括智能终端、通信网、调控系统等三方面内容。

1. 终端规划

通过优化智能终端部署原则，推进数据精准采集，解决终端重复配置、应用分离等问题，提升配电网全景感知能力；中压线路按照全自动 FA（馈线自动化）投运标准进行建设改造，持续提升中压馈线主干分段、联络点、大分支、重要分界等关键节点三遥及保护在线化覆盖，通过"网架关键节点配自数据+用采数据+状态估计"方式，全面实现中压配电网的透明化。在低压方面，遵循台区侧"一平台、一终端、一通道、一套加解密"原则，融合调控、配电、营销、数字化等需求开展台区终端集约部署，避免重复部署。同时优化终端及主站性能，涉控台区智能终端采集频次提升至1min，充分发挥主站的数据集中协同处理能力，以及台区智能终端边缘计算能力。

2. 通信网规划

明确不同通信技术的应用场景和技术原则，建立高性价比、强适应性的中低压配电网多模态通信架构体系，实现海量数据连接畅通，打造安全可靠、经济高效配电通信网。远程通信网，统筹"专网+公网，有线+无线"通信网规划建设。光纤专网作为配电网坚强的通信基础网络，主要应用于中心城区及电缆网络区域，逐步实现覆盖区域内各类业务"应接尽接"；积极争取1.8G或5G优质频谱资源授权；在获得频率许可前，涉控终端采用5G电力虚拟专网通信，优先采用5G硬切片；中压载波和北斗通信作为补充通信手段。加强通信终端透明化管控，持续推进网管系统"两级"部署。本地通信网，在台区，根据情况采用高速电力线载波、RS-485、微功率无线等通信技术；在站房，采用以太网、串口通信和可信WLAN通信。

3. 调控系统规划

对内从不同方向、不同维度打通数据间壁垒，实现营配调规数据贯通；对外挖掘多元主体参与电网调节与电力交易的潜力，提升运营数据共享服务能力，构建支撑源网荷储协同互动的配电网调控体系。统筹调自、配自、负荷管理系统控制功能，逐步建立源、网、荷、储协同调控机制。按照"分区分类分层、实时精准有效"的原则，建立省调-地调-配调-微电网（聚合系统）多级协同兼区域自治的调控机制。中压分布式电源、储能、微电网由配自系统直采直控；可控负荷由配自系统发起，依托新型负控系统通过负控终端进行调控。低压分布式电源和储能根据发展规模、分阶段确定调控范围，优先应用边缘计算技术实现就地平衡自治。

7 网格发展诊断

配电网网格化发展诊断是在现有的数据资源的基础上，运用科学的统计分析和定量计算手段对现状电网进行详细的分析评价。通过指标分析来查找现状电网存在的薄弱环节和主要问题，并以问题分级原则，对现状分析环节中发现的问题进行归纳和总结。建立现状负面清单问题库，详细分析现状电网的特点、发展现状和存在问题。

7.1 网格资料收集

新型电力系统配电网网格化规划现状诊断分析资料收集主要包含外部和内部两方面，资料收集清单及深度一般要求如表7-1所示。

表7-1　　　　　　　　　资料收集清单及深度一般要求

收集对象	收集内容	收集深度
政府相关部门	经济社会发展规划	（1）收集地方规划，包含地方经济社会发展历史数据、发展趋势、控制性规划图等资料； （2）重点开发地块的出让情况和企业入驻等信息
电网企业	35~220kV 电网发展规划及城市电力设施布局规划	（1）规划新增布点及退役情况资料； （2）城市电力设施布局规划中关于远期年变电站布点站址及廊道规划资料
	变电站现状	（1）110kV 及以下变电站主变压器容量、型号、布置形式、最大负荷； （2）10（20）kV 已建成、已使用间隔总数；远期主变压器台数，远期 10（20）kV 间隔总数等资料
	配电线路（设备）现状	10（20）kV 配电线路长度、架设形式、装接容量（分公用变压器及专用变压器）、柱上开关、环网箱、环网室、开关站数等资料

收集对象	收集内容	收集深度
电网企业	配电线路导线截面现状	10（20）kV 配电线路按主干线和分支线收集导线长度、截面资料
	配电线路负荷现状	10（20）kV 配电线路最大负荷、最大电流、最大负载率等资料
	配电线路联络互供能力现状	全市最大负荷时刻点 10（20）kV 配电线路对应的联络线路最大负荷、最大电流、最大负载率等资料
	现状及规划廊道	地方主要电缆通道的路径走向、已建成和已使用电缆管道孔数等现状资料，以及远期规划可行的廊道资源
	大用户现状	110kV 及以下专线专用变压器用户资料，含用户名称、装接容量、供电方案、最大负荷等资料
	双电源电力客户现状	110kV 及以下双电源重要客户资料，包含用户名称、装接容量、供电方案、最大负荷等资料
	配电自动化、通信网现状	（1）主站、子站的功能配置； （2）A+、A、B、C、D 各类供电区域的终端配置及配电通信网的通信方式等资料
	新能源	110kV 及以下光伏、风电、天然气、生物质等各类新能源装机容量、个数、年发电量等资料
	电动汽车	区域内电动汽车发展概况、发展规模预测等相关资料
	其他资料	其他相关资料

7.2 网格问题诊断

7.2.1 诊断指标体系

结合配电网发展新形态，衔接网格化规划的特征，在供电网格层面按照"可量化、易获取、简洁清晰、相对独立"的原则选取了具有典型代表性、能够反映配电网发展状况的关键指标，建立网格化规划现状电网分析指标体系。指标体系衔接网格划分标准中的发展导向、转型导向和环境导向，根据诊断分析侧重点分为电网发展、低碳转型、环境适应 3 大维度，细分为供电质量、供电能力、网架结构、智能互动、经济高效、分布式电源、充电设施、需求响应、设备承载和故障恢复 10 个方面，共计 32 个指标，网格化诊断指标体系见表 7-2。

表 7-2　　　　　　　　　　　网格化诊断指标体系

一级指标	二级指标	基础指标
供需匹配	供电质量	供电可靠率
		低电压台区占比
	供电能力	10kV 线路最大负载率平均值
		10kV 配电变压器最大负载率平均值
		10kV 重载线路占比
		10kV 重载配电变压器占比
	网架结构	10kV 线路联络率
		10kV 线路站间联络率
		10kV 线路标准化率
		10kV 线路 $N-1$ 通过率
	智能互动	标准自动化馈线建成率
		常用联络开关可控率
		中压配电设备终端覆盖率
		台区智能融合终端覆盖率
	经济高效	10kV 线路出线间隔利用与负载匹配率
		10kV 线路平均负载率
		10kV 配电变压器平均负载率
快速响应	分布式电源	分布式光伏接入受限线路占比
		分布式光伏接入受限台区占比
		分布式电源控制能力

一级指标	二级指标	基础指标
快速响应	充电设施	充电设施接入受限线路占比
		充电设施接入受限台区占比
		柔性有序充电设施覆盖率
	需求响应	可调节负荷比重
		储能占最大负荷比重
		市场化交易电量占比
抵御扰动	装备配置	高故障线路占比
		频繁停电台区占比
	故障恢复	全自动 FA（馈线自动化）投运率
		故障平均停电时间
		常用联络开关可控率
		配电变压器自愈率

通过计算基础指标、二级指标、一级指标得分，逐级加权计算综合得分。具体计算方法如下：

根据指标内涵及表征情况，将指标分为正向指标、逆向指标、适度指标三大类，并进行得分计算。各项指标的目标值可以参考"十四五"规划目标或对标定位相近地区同类指标。

1. 设基准下限的正向指标

（1）指标为正向指标，设定合理目标值为 a，高于 a 为满分；设定基准下限为 α，低于 α 值为 0 分；其余数值采用线性评分法评分。

（2）设定 y 为该指标评分，x 为该指标数值，评分公式如下：

$$y = \begin{cases} 100, & x \geqslant a \\ \dfrac{x - \alpha}{a - \alpha} \times 100, & \alpha \leqslant x < a \\ 0, & x < \alpha \end{cases}$$

2. 设基准上限的逆向指标

（1）指标为逆向指标，设定合理值目标为不大于 b，低于 b 为满分；设定

基准上限为 β，高于 β 值为 0 分，其余数值采用线性评分法评分。

（2）设定 y 为该指标评分，x 为该指标数值，评分公式如下：

$$y = \begin{cases} 100, & x \leqslant b \\ \dfrac{\beta - x}{\beta - b} \times 100, & b < x \leqslant \beta \\ 0, & x > \beta \end{cases}$$

3. 设基准上下限的适度指标

（1）指标为适度指标，设定合理范围下限为 a，范围上限为 b，在范围区间内为满分；设定基准下限为 α，低于 α 值为 0 分；设定基准上限为 β，高于 β 值为 0 分，其余数值采用线性评分法评分。

（2）设定 y 为该指标评分，x 为该指标数值，评分公式如下：

$$y = \begin{cases} \dfrac{x - \alpha}{a - \alpha} \times 100, & \alpha \leqslant x < a \\ 100, & a \leqslant x \leqslant b \\ \dfrac{\beta - x}{\beta - b} \times 100, & b < x \leqslant \beta \\ 0, & x < \alpha, \ x > \beta \end{cases}$$

权重计算采用客观和主观相结合的赋权法，先采用 CRITIC 法（批判法）进行客观赋权（该算法考虑指标变异性大小的同时兼顾指标之间的相关性），最后采用德尔菲法进行修正。通过指标得分和指标权重，加权得到分类指标的总得分。

7.2.2 网格负面清单及问题星级

负面清单主要针对电网本身，对于分布式电源、电动汽车、储能等新要素的建设不纳入网格的负面清单范畴。

现状电网存在的问题种类较多，要全部解决现状电网存在的问题需要大规模的电网投资，而各供电公司每年的电网投资力度有限，这就要求电网企业合理安排电网规划项目和投资。通过对现状问题进行分级，一方面可以实现对规划项目的排序，投资过程中优先安排级别高的问题与项目；另一方面可以根据问题级别和数量对配电网供电网格进行排序，以更加有针对性地提

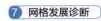

高某些配电网供电网格的供电可靠性，同时减少项目实施引起的停电时间和停电次数。

梳理设备综合负面清单，可分为三个等级，分别是三星等级（严重）、二星等级（较为严重）、一星等级（一般）。问题分级原则见表7-3。

表7-3　　　　　　　　　　　问题分级原则

序号	问题类型	三星	二星	一星
1	供电可靠性	高故障、频繁停电	—	—
2	电压质量	过电压、低电压	—	—
3	不满足 $N-1$ 准则	A+、A、B 类供电区 10kV 线路不满足 $N-1$ 准则	C 类供电区 10kV 线路不满足 $N-1$ 准则	D 类供电区 10kV 线路不满足 $N-1$ 准则
4	单辐射	A+、A、B 类供电区 10kV 单辐射	C 类供电区 10kV 线路单辐射	D 类供电区 10kV 线路单辐射
5	网架结构	接线组线路数大于等于 20	接线组线路数小于 20	—
6	线路负载率（含反向）	大于 80%	—	—
7	台区负载率（含反向）	大于 80%	—	—
8	大分支	挂接超 30 台配电变压器	挂接超 10 台配电变压器	挂接超 5 台配电变压器
9	10kV 线路供电半径	不符合供电半径要求，且存在供电质量问题	—	—
10	台区供电半径	不符合供电半径要求，且存在供电质量问题	—	—

7.3 网格发展水平分级评价

首先计算每个网格性能指标的得分，其次根据得分情况判定网格星级，实现网格的分级评价。

网格综合评分体系见图 7-1，通过对网格进行星级划分，可以反映出配电网的发展水平和潜力，为配电网规划、建设和运行提供参考依据。

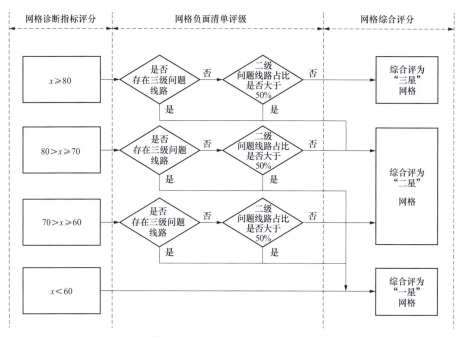

图 7-1 网格综合评分体系（x 指网格诊断评价得分）

7.4 网格发展诊断案例

以福建厦门某网格为例，分析其供需匹配水平的诊断评价结果。福建省某网格供需匹配问题诊断得分如表 7-4 所示。

表 7-4　　　　　　福建省某网格供需匹配问题诊断得分

二级指标	三级指标	网格指标	三级指标得分	二级指标得分	得分
供电质量 （0.20）	户均停电时间（h）	0.56	6.81	9.04	
	高故障线路占比（%）	0	10		
	频繁停电台区占比（%）	0	10		
	低电压台区占比（%）	0	10		
供电能力 （0.15）	10kV 线路重、过载率（%）	0	10	10	
	10kV 配电变压器重、过载率（%）	0	10		
网架结构 （0.30）	10kV 线路联络率（%）	100	10	10	90.62
	10kV 线路站间联络率（%）	100	10		
	10kV 线路标准化接线率（%）	100	10		
	10kV 线路 N-1 通过率（%）	100	10		
	10kV 复杂联络线路组数（组）	0	10		
	大分支线路条数（条）	0	10		
	分段规模不符合导则要求的线路条数（条）	0	10		
	供电半径超 15km 线路条数（条）	0	10		
智能互动 （0.15）	标准自动化馈线建成率（%）	0	0	5.58	
	常用联络开关可控率（%）	100	10		
	中压配电设备终端覆盖率（%）	86.84	7.89		
	台区智能终端覆盖率（%）	100	10		
经济高效 （0.15）	10kV 线路平均负载率（%）	16.02	7.35	6.82	
	10kV 配电变压器平均负载率（%）	13.10	8.73		
	10kV 线路轻载率（%）	0	10		
	10kV 配电变压器轻载率（%）	54.55	0		

从诊断得分情况来看，该网格总得分为 90.62 分，无负面清单问题，在供需匹配方面达到三星网格标准。该网格供需匹配能力方面的主要失分点在于智能互动和经济高效两方面，说明该网格的智能化建设水平和网格内设备的利用水平有待提升。从指标上看，智能互动方面具体是中压配电设备终端覆盖率水平不足，经济高效方面是配电变压器和线路的平均负载率偏低。

8 电力需求预测

电力负荷预测是配电网规划设计的基础和重要组成部分。基于配电网网格化规划的特点,采用适合供电网格负荷预测的方法,预测规划期内网格负荷,为网格供电方案制定提供依据。

8.1 分布式电源出力预测

8.1.1 分布式光伏

以分布式光伏资源摸排研究、分布式光伏布局规划等为基础,按照地面、屋顶光伏两大类进行布局。

地面光伏用地预测应加强与地方政府对接,先依照多规合一地图选择不涉及永久基本农田、生态红线的闲置土地,再通过航拍等技术手段进行现场勘查,获取土地产权等信息,确定光伏开发可能性,最后汇总整理。

根据国家关于整县屋顶光伏开发工作的相关部署,开展屋顶光伏开发规模测算时,党政机关建筑屋顶可安装光伏发电的面积不低于屋顶总面积的50%;学校、医院、村委会等公共建筑屋顶可安装光伏发电的面积不低于屋顶总面积的40%;工商业厂房屋顶可安装光伏发电的面积不低于屋顶总面积的30%;农村居民屋顶可安装光伏发电的面积不低于屋顶总面积的20%。

1. 地面光伏装机容量预测

$$P_{ground} = S \cdot \rho$$

式中:P_{ground} 为地面光伏装机容量;S 为地面光伏占地面积;ρ 为单位面积装机容量,通常取 $50W/m^2$。

2. 屋顶光伏装机容量预测

$$P_{roof} = S_{gov} \cdot \rho_{gov} \cdot \gamma_{gov} + S_{com} \cdot \rho_{com} \cdot \gamma_{com} + S_{bus} \cdot \rho_{bus} \cdot \gamma_{bus} + S_{agr} \cdot \rho_{agr} \cdot \gamma_{agr}$$

式中：P_{roof} 为屋顶光伏装机容量；S_{gov}、S_{com}、S_{bus}、S_{agr} 分别为政府机关建筑、公共建筑、工商业厂房和农村居民屋顶面积；ρ_{gov}、ρ_{com}、ρ_{bus}、ρ_{agr} 分别为政府机关建筑、公共建筑、工商业厂房和农村居民屋顶单位面积装接容量，根据安装条件进行确定，取值范围一般为 $50 \sim 120 W/m^2$；γ_{gov}、γ_{com}、γ_{bus}、γ_{agr} 分别代表政府机关建筑、公共建筑、工商业厂房和农村居民屋顶光伏开发比例，一般分别不低于 50%、40%、30% 和 20%。

近中期分布式光伏开发规模预测按照"三步走"方式开展，"三步走"方法示意图见图 8-1，具体步骤如下。

步骤 1：详细收集近中期分布式光伏报装用户资料（接入容量、接入电压等级、接入位置等）。

步骤 2：结合不同的电压等级和装机容量，综合考虑天气、损耗等因素的影响，按照 60%~80% 的分布式装机容量进行电力平衡。

步骤 3：选择适当的应用场景（如夏季晴天、冬季晴天等）进行拟合分析，得出分布式光伏出力规律。

图 8-1　"三步走"方法示意图

得到分布式光伏的开发规模预测结果后，可以根据历史光伏出力率预测光伏出力最大值，一般可取出力率在 0.8~1。在配电网规划中，当分布式光伏接入规模较大、渗透率较高时，还需要开展出力曲线预测，开展典型季节、典型日出力曲线的预测。

8.1.2　其他分布式新能源

考虑到分散式风电、分散式生物质能和海洋能发电的应用范围较小，目前尚未形成规模化的应用，且各地区因资源禀赋的不同存在差异，难以给出较为明确的预测方法。在此类分布式新能源出力预测中应着重开展相关分布式新能源工程建设项目的收资，重点根据分布式新能源的规划容量、在途容量、本地区分布式新能源出力特性等因素提高预测结果准确性。

8.2 电动汽车充电负荷预测

作为清洁能源利用的代表，电动汽车近年得到了快速发展，充电负荷的快速增长也一定程度上对电网发展产生了影响。随着动力电池与车辆技术不断完善，电动汽车的规模化应用日益扩大，在此背景下，在配电网规划中，对电动汽车充电负荷进行特征分析及预测具有现实意义。电动汽车充电负荷预测是指预测未来一段时间内电动汽车充电所需的电力负荷。由于电动汽车充电负荷的高峰期通常出现在晚上或夜间，这会给电网带来较大的负荷冲击，需要对电动汽车充电负荷进行准确预测，以便电网能够做好相应的负荷调度和计划。

8.2.1 电动汽车保有量预测

1. 千人保有量法

千人保有量法是根据区域内人口、经济、人均国民经济生产总值（GDP）等因素，参照当地经济发展情况，确定人均 GDP 和汽车保有量之间的关系，从而根据区域内经济发展状况得出汽车千人保有量，在此基础上再根据人口数量的变化得出汽车保有量。一般而言，人均 GDP 值越大，汽车千人保有量值越大。

千人保有量法是一种间接的测算方法，根据人均 GDP 首先预测汽车千人保有量，然后根据人口变化趋势从而得到汽车保有量预测数据。在实际运用中，千人保有量法需要预测多个变量，考虑的因素也较多，因此预测精度不是很高。但千人保有量法同时考虑了区域内的经济发展状况和人口发展状况，在此基础上得出汽车保有量预测数据，对于预测汽车未来发展具有一定的参考意义。其模型如下：

$$S_{cp} = S_{GDP} \cdot \alpha$$

$$H = S_{cp} \cdot n$$

式中：S_{cp} 为汽车千人保有量；S_{GDP} 为区域内人均 GDP；α 为汽车千人保有量和人均 GDP 间的相关系数，可以根据区域内汽车购买状况确定；H 为汽车保有量；n 为人口数量。

2. 弹性系数法

弹性系数法是在一个因素变化的基础上，通过弹性系数对另一个因素发展变化进行间接预测的方法。通过弹性系数法进行预测时，需要分析预测量与另一个发展规律明显或发展规律容易求出的因素之间的联系，得到两者变化率之间的弹性系数，然后根据弹性系数和已知因素的变化率计算得到所求的预测值。

在对汽车保有量进行预测时，可以根据人均国民经济生产总值 GDP 与汽车保有量的增长率比例之间的关系得到汽车保有量预测值。从某种程度上来看，弹性系数法与千人保有量法具有一定的相似性，都通过一个因素的变化预测另一个因素的变化，但弹性系数法在预测汽车保有量时，其根据 GDP 变化情况可以直接得到汽车保有量的变化情况，考虑的因素较少，过程更加简单。其模型如下：

$$P_V = P_{GDP} \cdot \beta$$

$$H = (1 + P_V) \cdot H_{Last}$$

式中：P_V 为汽车保有量增长率；P_{GDP} 为 GDP 增长率；β 为弹性系数；H 为汽车保有量；H_{Last} 为前一年汽车保有量。

8.2.2 充电负荷特性分析

电动汽车主要包括私家车、出租车、网约车、公交车等，不同类型的电动汽车充电设施布局原则不同，人均电动汽车保有量、车桩比、快慢充桩比存在差异。详细的充电设施布局成果需参考电动汽车充电设施布局专项规划，中远期充电负荷预测主要以布局成果为依据。

单桩负荷：单座快充桩充电负荷为 30~120kW，单座慢充桩负荷为 3.3~7kW。私家车主要以慢充为主、快充为辅，出租车与网约车以快充为主、慢充为辅，公交车为快充。

1. 出租车

从行驶特性来看，出租车在时间和空间两个维度均呈现出较强的随机特性。从运营管理来看，出租车一般由专业化出租车公司或网约车平台集中运营管理，日均行驶里程为 350～500km。运营模式一般实行昼夜轮班模式，即 12h 交接班一次。出租车行驶里程长，受换班、用餐和夜间运行等因素影响，一天需多次充电。相关研究表明，电动出租车充电开始时刻呈分段概率分布的特点，其对应的每次充电前的行驶里程也具有分段分布的特点，分为 4 个时段，分别为 0：00～9：00、9：00～14：00、14：00～19：00、19：00～24：00，各时段充电特性均服从正态分布。

2. 公交车

从行驶特性来看，电动公交车行驶路线与运营时间相对固定，一般集中在白天运行，夜间停放，因此其充电行为较为规律。公交车日均行驶里程为 150～200km。不考虑夜间班车，公交车首班发车时间一般为 5：30～6：30，末班发车时间一般为 20：00～21：00，每天上下班时间（6：30～9：00、16：30～18：30）为公交车运行高峰时段，发车间隔一般平均为 5min，所有车辆均参与运行，其余时段发车间隔则较长（10～15min）。电动公交车如果在每天运营前充满电，正好可以满足一天的运营需求，中途一般不需要进行补电。鉴于此，假设公交车每日一充，即公交车结束一天运营后开始充电。

3. 私家车

从行驶特性来看，私家车充电地点主要集中在住宅区、工作区及商场超市等公共场所，日均行驶里程为 30～100km，充电频次为多日一充，每周充电 1～3 次。相关研究表明，工作日私家车在白天时段 8：00～20：00 多在工作区充电，呈近似均匀分布；在 20：00～7：00 多在住宅区充电，呈正态分布。

4. 综合预测

结合不同类型电动汽车负荷特性和电动汽车充电设施空间布局规划成果、保有量分析结果与充电类型，可以通过计算预测不同时刻负荷：

$$P_{G2V,i} = (P_{fc}\alpha_p + P_{SC}\beta_p) \cdot S_p + P_{fc}\alpha_{bus}S_{bus} + (P_{fc}\alpha_{taxi} + P_{SC}\beta_{taxi}) \cdot S_{taxi}$$

式中：$P_{G2V,i}$ 表示 i 时刻电动汽车充电负荷；α_p、β_p 分别表示私家车快充概率与慢充概率，其和等于 1；α_{taxi}、β_{taxi} 分别表示出租车/网约车快充概率与慢充概率，其和等于 1；S_p、S_{bus}、S_{taxi} 分别表示私家车、公交车、出租+网约车数量之和，三类电动汽车的数量。

最后叠加不同电动汽车单日负荷曲线即可得到全地区单日负荷。

8.2.3 充电负荷预测

1. 与空间负荷预测相衔接的电动汽车负荷预测方法

在城区、网格、街区等广域范围内开展整体充电需求预测，推荐采用充电负荷密度法，按规划地块面积计算区域充电负荷，计算公式为

$$P = \lambda \sum S_i P_i$$

式中：S_i 和 P_i 分别为第 i 个地块的面积和充电负荷密度；λ 为同时率。充电负荷密度可在对应地块负荷密度值的基础上通过一定比例折算得到，同时率和地块面积与对应空间负荷预测保持一致。

如，以渗透率为20%、90%电动汽车采用慢充和10%电动汽车采用快充为边界条件，通过加权计算小区峰值负荷增加，计算得到电动汽车影响率为16.7%。其他类型地块的充电负荷对网供负荷密度的影响也可采用调研及估算得到，充电负荷占总负荷密度比例典型值见表8-1。

表 8-1 充电负荷占总负荷密度比例典型值

用户类型	工业			行政办公	商业金融	文化娱乐	体育健身	医疗卫生	教育科研	仓储物流	居民生活
	一类	二类	三类								
充电负荷占总负荷密度的比例	1%	0.50%	0%	6%	6%	2%	0.50%	0.50%	0.50%	4%	16.7%

在开展配电网网格化规划时，在原空间负荷预测基础上叠加考虑充电负荷，并作为边界条件进行网络规划和设备定容依据。

2. 电动汽车占居民用地负荷密度占比的计算

典型参数取值参考如下：

地块单位建筑面积充电桩数量＝车户比×电动汽车渗透率/户均面积。当户均面积为100m²，车户比为1:1.1，渗透率为20%时，对应地块单位建筑面积充电桩数量为 0.2×1.1/100＝0.0022（座/m²）。

地块单位建筑面积充电负荷指标＝快充电桩数量×快充桩充电功率×快充同时率+慢充电桩数量×慢充桩充电功率×慢充同时率。当快慢充占比为9:1、慢充功率为7kW、快充功率为70kW、负荷高峰期充电同时率为0.4时，对应

地块单位建筑面积充电负荷指标为 11.7W/m²。

充电负荷占负荷密度比例=地块单位建筑面积充电负荷指标/地块常规用电负荷指标典型值。

3. 近中期充电负荷预测

近中期充电负荷预测应以用户实际报装资料为主，采用需要系数法进行测算。

近中期充电桩负荷计算公式为

$$P_c = P_{fc}\alpha_{fc}n + P_{SC}\beta_{SC}m$$

式中：P_{fc} 为快充充电桩/机额定功率；P_{SC} 为慢充充电桩/机额定功率；α_{fc} 为快充充电桩/机需要系数；β_{SC} 为慢充充电桩/机需要系数；n 为快充充电桩/机数量；m 为慢充充电桩/机数量。

充电设备需要系数选择表如表 8-2 所示。

表 8-2　　　　　　　　　充电设备需要系数选择表

充电设备类型		需要系数	备注
交流充电桩	7kW 交流充电桩	0.28~1.0	
	运营单位多台 40kW 交流充电桩	0.9~1.0	以运营为主，存在同时充电现象
非车载充电机	30kW 直流充电设备	0.4~0.8	民用建筑中直流快充是交流充电设施的补充
	60kW 直流充电设备	0.2~0.7	
交/直流一体充电设备		0.3~0.6	
充电主机系统	位于社会公共停车场	0.45~0.65	主机系统的主机功率较大
	位于运营单位	≥0.90	

用于 10kV 主干线路的负荷计算时，需要系数宜取上限值。各类充电设备的功率因素按 0.9 计算。单相交流充电桩需要系数选择表见表 8-3。

表 8-3　　　　　　　　单相交流充电桩需要系数选择表

台数（台）	1	3	5	10	15	20
需要系数	1	0.87~0.94	0.78~0.86	0.66~0.74	0.56~0.64	0.47~0.55
台数（台）	25	30	40	50	60	80
需要系数	0.42~0.50	0.38~0.45	0.32~0.38	0.29~0.36	0.29~0.35	0.28~0.35

8.3 网格饱和负荷预测

8.3.1 预测方法

配电网供电网格远景负荷预测主要用于远景饱和目标网架的制定，为城市规划预留中压环网室（开关站）站址和中压线路廊道等电力设施布局空间。根据国内主流做法，远景负荷预测一般采用空间负荷密度法。根据规划区域的土地利用规划，分单元分地块进行整理归类，运用典型负荷预测模型进行远景负荷预测。预测结果既要通过表格体现负荷规模，又要通过图形空间体现负荷分布。

可采用基于地块的空间负荷预测法，同时根据电动汽车、分布式光伏等分布的空间特性开展新兴负荷评估。

针对有控制性详细规划等市政资料充分的区域，一般采用空间负荷密度法计算。负荷密度（指标）法根据预测年限内负荷密度与用地面积（建筑面积）来推算最高负荷。预测公式为：

$$P = \left(\sum D \cdot S \right) \cdot \eta$$

式中：P 为最高负荷；D 为负荷密度（指标）；S 为用地面积（建筑面积）；η 为同时率，一般根据各类负荷的历史情况推算得到。

预测步骤如下：

（1）根据政府控制性详细规划确定的各个地块用地性质、用地面积、容积率等指标，按《城市电力规划规范》确定的城市建设用地用电负荷分类；统计规划区分地块及分类用地性质及建筑面积。建筑面积计算公式为占地面积和容积率的乘积，计算如下：

$$S = S_{zd} \cdot k_{rj}$$

式中：S 为建筑面积；S_{zd} 为占地面积；k_{rj} 为容积率。

（2）确定单位建筑面积用电指标及单位占地面积用电指标。为了使负荷密度指标能够代表未来发展情况，参考《城市电力规划规范》（GB 50293—2014），通过对发达地区城市的同类型负荷的负荷密度情况进行调查及类比分析，提出规划区单位建筑面积用电指标及单位占地面积用电指标。

利用空间负荷预测方法预测供电网格远期负荷。在地块负荷预测基础上进行负荷预测，考虑同时率后，得到区域远景常规负荷。

8.3.2 预测流程

首先，从市政规划部门收集规划分区的详细用地规划，得到诸如用地性质、占地面积、容积率等详细信息，建立空间分区。其次，选取适合本地区配电网供电网格的负荷预测典型参数，包括负荷密度、需用系数、同时率等指标。最后，自下而上进行负荷预测，先预测街区负荷，再预测配电网供电单元负荷和供电网格负荷。空间负荷密度法预测流程图见图 8-2。

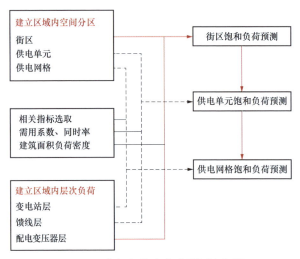

图 8-2 空间负荷密度法预测流程图

8.4 网格近中期负荷预测

8.4.1 预测方法

供电网格近中期负荷预测推荐采用"现有负荷自然增长+新增点负荷 S 形曲线法"。"现有负荷自然增长"指根据网格的现有负荷特性及其发展情况，结合预期环境给定增长率，从而得到现有负荷的自然发展情况。"新增点负荷

S 形曲线"指根据用户远景饱和负荷及建成投产时间，预测用户中间年负荷。

为了阐述新增点负荷的发展规律，提出了 S 形曲线数学模型：

$$y_t = \frac{y}{1 + Ae^{(1-t)}}$$

式中：y 为饱和负荷；y_t 为第 t 年的年最大负荷，即最大负荷日或典型负荷日的系统最大负荷；t 为投运年限；A 为负荷增长参数。

S 形曲线负荷增长典型值见表 8-4。

表 8-4   S 形曲线负荷增长典型值

t	A 值					
	0.25	0.7	2	5	14	36
1	80%	59%	33%	17%	7%	3%
2	92%	80%	58%	35%	16%	7%
3	97%	91%	79%	60%	35%	17%
4	99%	97%	91%	80%	59%	36%
5	100%	99%	96%	92%	80%	60%
6	100%	100%	99%	97%	91%	80%
7	100%	100%	100%	99%	97%	92%
8	100%	100%	100%	100%	99%	97%
9	100%	100%	100%	100%	100%	99%
10	100%	100%	100%	100%	100%	100%

S 形曲线负荷增长参数 A 取值：一般工业取 0.25，竣工后第一年即增长到远景负荷的 80%；商业取 0.7，竣工后第二年增长到远景负荷的 80%；区位好的住宅小区取 2，竣工后第三年增长到远景负荷的 80%；区位差的住宅小区取 5，竣工后第四年达到远景负荷的 80%。

单元内近中期点负荷预测结果分年度得出后，加上单元现状负荷逐年预测值，便是配电网供电网格的近中期负荷预测值。一般有：

$$P_{u,j} = P_{o,j} + P_{d,j}$$

$$P_{o,j} = P_o \cdot (1 + \gamma)^j$$

式中：$P_{u,j}$ 为配电网供电网格第 j 年的最大负荷，j 取值不大于 5；$P_{o,j}$ 为第 j 年的自然增长最大负荷；$P_{d,j}$ 为配电网供电网格内第 j 年的点负荷最大值；P_o 为配电网供电网格现状最大负荷；γ 为配电网供电网格的年均自然增长率。

8.4.2 预测流程

近中期负荷预测采用"现有负荷自然增长+新增点负荷 S 形曲线法"，便于对处于不同发展阶段的网格制定过渡网架方案。预测过程中，首先应对历史负荷发展情况加以分析，结合网格近中期发展环境确定自然增长率。然后，运用远景负荷法计算新增点负荷饱和值，再逐年计算中间年的预测值。

8.4.3 预测结果校核

供电网格一般采用人均用电量类比法等方法对预测结果进行校核。与《城市电力规划规范》（GB/T 50293—2014）中规划人均用电量指标对照，校核单元人均用电量是否符合规划区的定位。城市人均综合用电量、人均生活用电量分级情况分别见表 8-5、表 8-6。

表 8-5　　　　　　　　　　城市人均综合用电量分级情况

指标分级	城市综合用电水平分类	人均综合用电量 ［kWh/（人·年）］	
		现状	规划
Ⅰ	用电水平较高城市	4501~6000	8000~10000
Ⅱ	用电水平中上城市	3001~4500	5000~8000
Ⅲ	用电水平中等城市	1501~3000	3000~5000
Ⅳ	用电水平较低城市	701~1500	1500~3000

注　对于城市人均综合用电量现状水平高于或低于表中规定的现状指标最高或最低限值的城市，其规划人均综合用电量指标的选取，应视其城市具体情况因地制宜确定。

表 8-6　　　　　　　　　　城市人均生活用电量分级情况

指标分级	城市综合用电水平分类	人均生活用电量 ［kWh/（人·年）］	
		现状	规划
Ⅰ	用电水平较高城市	1501~2500	2000~3000
Ⅱ	用电水平中上城市	801~1500	1000~2000
Ⅲ	用电水平中等城市	401~800	600~1000
Ⅳ	用电水平较低城市	201~400	400~800

注　对于城市人均生活用电量现状水平高于或低于表中规定的现状指标最高或最低限值的城市，其规划人均生活用电量指标的选取，应视其城市的具体情况因地制宜确定。

8.5 关键参数的确定

电力需求预测所涉及的相关分析指标众多,主要包括最大负荷、最小负荷、平均负荷、最大负荷利用小时数、日负荷曲线、年负荷曲线、负荷密度、同时率等。其中,最大负荷、最小负荷、平均负荷、最大负荷利用小时数、日负荷曲线、年负荷曲线等指标可通过对配电网现状开展调研获得。而负荷同时率、负荷增长特性和饱和负荷密度指标等参数是影响电力需求结果的关键参数,往往需要与预测对象区域的未来发展趋势、功能定位相匹配,并通过对标分析和理论研究获得。

8.5.1 多层级负荷同时率

由于负荷曲线的叠加特性,供电网格的最大负荷不是所属街区最大负荷之和,要考虑一个同时率系数。负荷层次模型的提出就是为了解决不同分区负荷值叠加时同时率参数的选取问题。

根据配电系统电流流向,负荷层次结构可模拟成层次模型,节点负荷的层次结构和同时率关系图见图 8-3。可见,各个分区配电网负荷层次结构由高到低为:变电站负荷层、馈线负荷层、配电变压器负荷层、低压干线负荷层和进户线负荷层。

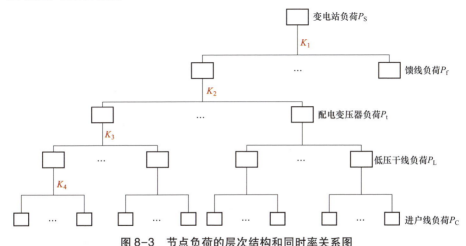

图 8-3 节点负荷的层次结构和同时率关系图

与层次负荷模型相对应，同时率也可分为不同层次的同时率，有区域与区域之间的负荷同时率、变电站与变电站之间的同时率、馈线与馈线之间的同时率、配电变压器与配电变压器之间的同时率。不同层次负荷之间的关系如下：

1. 区与站负荷之间的关系

$$P = \sum P_S \cdot K$$

式中：P 为规划区总负荷；P_S 为变电站最大负荷；K 为变电站之间的同时率，反映区域综合最大负荷与组成变电站绝对最大负荷之和之间的关系。

2. 站与线负荷之间的关系

$$P_S = \sum P_L \cdot K_1$$

式中：P_L 为馈线最大负荷；K_1 为馈线之间的同时率，反映变电站最大负荷与其下辖馈线最大负荷之间的关系。

3. 线与变负荷之间的关系

$$P_L = \sum P_T \cdot K_2$$

式中：P_T 为配电变压器最大负荷；K_2 为配电变压器之间的同时率，反映馈线最大负荷与其下辖配电变压器最大负荷之间的关系。

8.5.2 负荷增长特性曲线

负荷增长特性是反映负荷增长的阶段性规律的重要特征，搞清负荷增长特性对于预测近中期负荷非常重要。以小区（园区）为例，现有小区负荷增长规律被广泛描述为 S 形曲线图，如图 8-4 所示。该曲线只粗略地描述了负荷变化的趋势，没有得出负荷随着小区自然发展的变化规律。因此，需要与小区发展的阶段性相结合，更加具体地描述小区负荷增长特性。

采用横向聚类法分析多个处于成熟阶段的小区。选择若干种类型但处于不同发展阶段（如开发起步期、发展期、成熟期、饱和期等）的小区，给每个不同发展阶段确定一个年限，总结出小区的负荷增长特性。与小区发展阶段相适应的负荷特性曲线图见图 8-5。

可以看出：小区（园区）发展的起步期（2~3 年），企业大量入住使得负荷增长较快；小区（园区）的发展期（3~5 年），入驻企业进入相对稳定

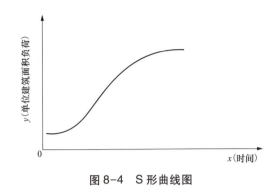

图 8-4　S 形曲线图

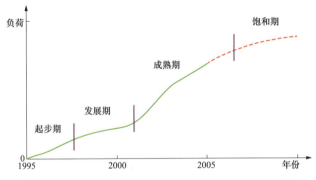

图 8-5　与小区发展阶段相适应的负荷特性曲线图

的发展期与新入驻大企业进入前期建设阶段不同，所以负荷增长相对比较平缓；小区（园区）发展的成熟期（4~6年），企业通过几年的发展，开始扩大生产规模（开发企业二期或者三期），负荷呈现快速增长；小区（园区）发展的饱和期（3~5年），企业通过多年发展，形成以大企业为龙头，带动周边配套企业，形成稳定的供求关系，园区产业链合理，配套设施完善，在远景期负荷小幅增长，发展平稳。

8.5.3　饱和负荷密度指标

根据《城市用地分类与规划建设用地标准》（GB 50137—2011），城市建设用地共分为 8 大类（分别为居住用地、公共管理与公共服务用地、商业服务业设施用地、工业用地、物流仓储用地、道路与交通设施用地、公用设施用地、绿地与广场用地）、35 中类、43 小类，每类用地的负荷密度和负荷指标不一样。城市建设用地类和代码见表 8-7。

表8-7 城市建设用地类和代码

大类	中类	小类	类别名称	内容	负荷密度（kW/km²）			负荷指标（W/m²）		
					低方案	中方案	高方案	低方案	中方案	高方案
R			居民用地	住宅和相应服务设施的用地	—	—	—	—	—	—
	R1		一类居民用地	设施齐全，环境良好，以低层住宅为主的用地	—	—	—	35	40	45
		R11	住宅用地	—						
		R12	服务设施用地							
	R2		二类居住用地	设施较全，环境良好，以多、中、高层住宅为主的用地	—	—	—	25	30	35
		R21	住宅用地	—						
		R22	服务设施用地							
	R3		三类居民用地	设施较大欠缺，环境较差，以需要加以改造的简陋住宅为主的用地，包括危房、棚户区、临时住宅等用地	—	—	—	15	20	25
		R31	住宅用地	—						
		R32	服务设施用地							
A			公共管理与公共服务用地	行政、文化、教育、体育、卫生等机构和设施的用地，不包括居住用地中的服务设施用地	—	—	—	—	—	—
	A1		行政办公用地	党政机关、社会团体、事业单位等办公机构及其相关设施用地	—	—	—	45	55	65
	A2		文化设施用地	图书、展览等公共文化活动设施用地	—	—	—	55	60	65
		A21	图书展览设施用地	—						
		A22	文化设施用地	—						

续表

类别代码 大类	中类	小类	类别名称	内容	负荷密度（kW/km²）低方案	中方案	高方案	负荷指标（W/m²）低方案	中方案	高方案
A	A3		教育可研用地	高等院校、中等专业学校、中学、小学、科研事业单位及其附属设施用地，包括为学校配建的独立地段的学生生活用地	—	—	—	30	40	50
		A31	高等院校用地	—						
		A32	中等专业学校用地	—						
		A33	中小学用地	—						
		A34	特殊教育用地	—						
		A35	可研用地	—						
	A4		体育用地	体育场馆和体育训练基地等用地，不包括学校等机构专用的体育设施用地	—	—	—	30	40	50
		A41	体育场馆用地	—						
		A42	体育训练用地	—						
	A5		医疗卫生用地	医疗、保健、卫生、防疫、康复和急救设施等用地				40	50	60
		A51	医院用地	综合医院、专业医院、社区卫生服务中心等用地						
		A52	卫生防疫用地	卫生防疫站、专科防治所、检验中心和动物检疫站等用地						
		A53	特殊医疗用地	对环境有特殊要求的传染病、精神病等专科医院用地						
		A54	其他医疗卫生用地	急救中心、血库等用地						

续表

类别代码 大类	类别代码 中类	类别代码 小类	类别名称	内容	负荷密度（kW/km²）低方案	负荷密度（kW/km²）中方案	负荷密度（kW/km²）高方案	负荷指标（W/m²）低方案	负荷指标（W/m²）中方案	负荷指标（W/m²）高方案
A		A6	社会福利设施用地	为社会提供福利和慈善服务的设施及其附属设施用地，包括福利院、养老院、孤儿院等用地	—	—	—	25	35	45
		A7	文物古迹用地	具有保护价值的古遗迹、古墓葬、古建筑、石窟寺、近代代表性建筑、革命纪念建筑等用地，不包括已作其他用途的文物古迹用地	—	—	—	25	35	45
		A8	外事用地	外国驻华使馆、领事馆、国际机构及其生活设施用地	—	—	—	25	35	45
		A9	宗教设施用地	宗教活动场所用地	—	—	—	25	35	45
B	商业服务业设施用地			商业、商务、娱乐康体等设施用地，不包括居住用地中的服务设施用地	—	—	—	—	—	—
	B1		商业设施用地	商业及餐饮、旅馆等服务业用地	—	—	—	60	80	95
		B11	零售商业用地	以零售功能为主的商铺、商场、超市、市场等用地						
		B12	批发市场用地	以批发功能为主的市场用地						
		B13	餐饮用地	饭店、餐厅、酒吧等用地						
		B14	旅馆用地	宾馆、旅馆、招待所、服务型公寓、度假村等用地						
	B2		商务设施用地	金融保险、艺术传媒、技术服务等综合性办公用地	—	—	—	60	80	95
		B21	金融保险用地	—						
		B22	艺术传媒用地	—						
		B23	其他商务设施用地	—						

续表

类别代码 大类	类别代码 中类	类别代码 小类	类别名称	内容	负荷密度（kW/km²）低方案	负荷密度（kW/km²）中方案	负荷密度（kW/km²）高方案	负荷指标（W/m²）低方案	负荷指标（W/m²）中方案	负荷指标（W/m²）高方案
B	B3		娱乐康体设施用地	娱乐、康体等设施用地	—	—	—	60	80	95
		B31	娱乐用地	—						
		B32	康体用地	—						
	B4		公用设施营业网点用地	零售加油、加气、电信、邮政等公用设施营业网点接地	—	—	—	35	45	55
		B41	加油加气站用地	—						
		B42	其他公用设施营业网点用地	—						
	B5		其他服务设施用地	业余学校、民营培训机构、私人诊所、殡葬、宠物医院、汽车维修站等其他服务设施用地	—	—	—	35	45	55
M			工业用地	工矿企业的生产车间、库房及其附属设施用地，包括专用铁路、码头和附属道路、停车场等用地，不包括露天矿用地	—	—	—	—	—	—
	M1		一类工业用地	对居住和公共环境基本无干扰、污染和安全隐患的工业用地	45	55	70	—	—	—
	M2		二类工业用地	对居住和公共环境有一定干扰、污染和安全隐患的工业用地	40	50	60	—	—	—
	M3		三类工业用地	对居住和公共环境有严重干扰、污染和安全隐患的工业用地	40	50	60	—	—	—

续表

类别代码 大类	类别代码 中类	类别代码 小类	类别名称	内容	负荷密度（kW/km²）低方案	负荷密度（kW/km²）中方案	负荷密度（kW/km²）高方案	负荷指标（W/m²）低方案	负荷指标（W/m²）中方案	负荷指标（W/m²）高方案
W			物流仓储用地	物资储备、中转、配送等用地，包括附属道路、停车场及货运公司车队的站场等用地	—	—	—	—	—	—
		W1	一类物流仓储用地	对居住和公共环境基本无干扰、污染和安全隐患的物流仓储用地	10	15	25	—	—	—
		W2	二类物流仓储用地	对居住和公共环境有一定干扰、污染和安全隐患的物流仓储用地	10	15	25	—	—	—
		W3	三类物流仓储用地	存放易燃、易爆和剧毒等危险品的专用仓库用地	15	20	25	—	—	—
S			道路与交通设施用地	城市道路、交通设施等用地，不包括居住用地、工业用地等内部的道路、停车场等用地	—	—	—	—	—	—
	S1		城市道路用地	快速路、主干路、次干路和支路等用地，包括其交叉口用地	2	3	5	—	—	—
	S2		城市轨道交通用地	独立地段的城市轨道交通地面以上部分的线路、站点用地	2	2	2	—	—	—
	S3		交通枢纽用地	铁路客货运站、公路长途客货运站、港口客运码头、公共枢纽及其附属设施用地	40	50	60	—	—	—
	S4		交通场站用地	交通服务设施用地，不包括交通指挥中心、交通队用地	5	10	15	—	—	—
		S41	公共交通场站用地	城市轨道交通车辆基地及其附属设施，公共汽（电）车首末站、停车场（库）、保养场，出租汽车场站设施用地，以及轮渡、缆车、索道等的地面部分及其附属设施用地						
		S42	社会停车场用地	独立地段的公共停车场和停车库用地，不包括其他各类用地配建的停车场和停车库用地						
	S5		其他交通设施用地	除以上外的交通设施用地，包括教练场等用地	3	5	8	—	—	—

续表

类别代码			类别名称	内容	负荷密度（kW/km²）			负荷指标（W/m²）		
大类	中类	小类			低方案	中方案	高方案	低方案	中方案	高方案
U			公用设施用地	供应、环境、安全等设施用地	—	—	—	—	—	—
	U1		供应设施用地	供水、供电、供燃气和供热等设施用地	—	—	—	—	—	—
		U11	供水用地	城市取水设施、自来水厂、加压泵站、高水位池等设施用地	—	—	—	—	—	—
		U12	供电用地	变电站、开闭所、配电变压器等设施用地，不包括电厂用地。高压走廊下规定的控制范围内的用地应按其地面实际用途归类	—	—	—	—	—	—
		U13	供燃气用地	分输站、门站、储气站、加气母站、液化石油气储配站、灌瓶站和高压走廊管等设施用地	30	35	40	—	—	—
		U14	供热用地	集中供热锅炉房、热力站、换热站和地面输热管廊等设施用地	—	—	—	—	—	—
		U15	通信设施用地	邮政中心局、邮政支局、邮件处理中心、电信局、移动基站、微波站等设施用地	—	—	—	—	—	—
		U16	广播电视设施用地	广播电视的发射、传输和监测设施用地，包括无线电收信区、发信区及广播电视发射台、转播台、差转台、监测站等设施用地	—	—	—	—	—	—
	U2		环境设施用地	雨水、污水、固体废物处理和环境保护等的公用设施及其附属设施	30	35	40	—	—	—
		U21	排水设施用地	雨水泵站、污水泵站、污水处理、污泥处理厂等设施及其附属的构筑物用地，不包括排水河渠用地	—	—	—	—	—	—
		U22	环卫设施用地	垃圾转运站、公厕、车辆清洗站、环卫车辆停放修理厂等设施用地	—	—	—	—	—	—
		U23	环保设施用地	垃圾处理、危险品处理、医疗垃圾处理等设施用地	—	—	—	—	—	—

续表

类别代码			类别名称	内容	负荷密度（kW/km²）			负荷指标（W/m²）		
大类	中类	小类			低方案	中方案	高方案	低方案	中方案	高方案
U	U3		安全设施用地	消防、防洪等保卫城市安全的公用设施及其附属设施用地	30	35	40	—	—	—
		U31	消防设施用地	消防站、消防通信及指挥训练中心等设施用地						
		U32	防洪设施用地	防洪堤、防洪渠、排洪沟渠等设施用地						
	U4		其他公用设施用地	除以上以外的公用设施用地，包括施工、养护、维修等设施用地	30	35	40	—	—	—
G			绿地与广场用地							
	G1		公园绿地	向公众开放，以游憩为主要功能，兼具生态、美化、防灾等作用的绿地	1	1	1	—	—	—
	G2		防护绿地	具有卫生、隔离和安全防护功能的绿地	1	1	1	—	—	—
	G3		广场用地	以游憩、纪念、集会和避险等功能为主的城市公共活动场地	2	3	5	—	—	—

9 源荷储新要素优化配置

9.1 分布式新能源

9.1.1 承载力评估

当前分布式新能源主要发展模式是分布式光伏，本书以分布式光伏为对象说明配电网承载能力评估原则与方法，其他分布式新能源可结合本身特性对照进行评估计算。

1. 可接入容量计算原则

（1）设备自身承载能力约束。现行行业标准规定不因分布式电源发生向220kV及以上电网反送电，各级电网设备反向负载率不超过80%。

（2）上下级电网约束。当上级电网设备承载能力为0时，其下级所有电网设备承载能力为0；下级电网设备可接入容量总和不应超过上级电网设备的可接入容量。

（3）典型场景选取。在午间光伏大发且负荷较小的极端情况下反向潮流最大，最容易导致向220kV及以上电网反送电及设备反向重过载。因此，综合考虑分布式光伏大发和负荷较小情况，选取全年等效负荷最小的时刻（9时~15时）作为典型场景进行承载能力计算，综合考虑确定承载能力。

（4）分布式光伏出力系数。可根据当地光伏资源情况具体选取。

2. 可接入容量计算模型

（1）分布式光伏安全边界约束模型。以配电网无论处于何种分布式光伏配置情况下电网安全运行约束均不越限为目标，建立配电网分布式光伏配置安全边界约束模型，确定电网的最大反送电功率。

配电网分布式光伏配置问题需要满足潮流约束、电压偏差约束、线路功率约束及光伏配置约束，具体内容如下。

1）配电网潮流约束。配电网潮流计算需要考虑节点有功、无功平衡约束，电压平衡约束及二阶锥约束。

配电网节点有功、无功平衡约束如下式所示：

$$\begin{cases} P_{v,i} - P_{L,i} = \sum_{j \in \Omega_{up,i}} P_j - \sum_{j \in \Omega_{down,i}} (P_j - r_j I_j^2) \\ Q_{v,i} - Q_{L,i} = \sum_{j \in \Omega_{up,i}} Q_j - \sum_{j \in \Omega_{down,i}} (Q_j - x_j I_j^2) \end{cases} \quad (9-1)$$

式中：$P_{v,i}$ 为节点 i 的光伏发电量；$Q_{v,i}$ 为节点 i 的相应的光伏逆变器无功发电量，若节点 i 未配置光伏，则为 0；$P_{L,i}$ 为节点 i 的有功负荷；$Q_{L,i}$ 为节点 i 的无功负荷；P_j 为线路 j 的有功传输功率；Q_j 为线路 j 的无功传输功率；r_j 为线路 j 的电阻；x_j 为线路 j 的电抗；I_j 为线路 j 的电流；$\Omega_{up,i}$ 为以节点 i 为始节点的线路集合；$\Omega_{down,i}$ 为以节点 i 为末节点的线路集合。

对于平衡节点，则有：

$$\begin{cases} -P_{up} = \sum_{j \in \Omega_{up,i}} P_j - \sum_{j \in \Omega_{down,i}} (P_j - r_j I_j^2) \\ -Q_{up} = \sum_{j \in \Omega_{up,i}} Q_j - \sum_{j \in \Omega_{down,i}} (Q_j - x_j I_j^2) \end{cases} \quad (9-2)$$

式中：P_{up} 为配电网向上级电网输送的有功功率；Q_{up} 为配电网向上级电网输送的无功功率。

配电网节点电压平衡约束如下：

$$V_{i2}^2 = V_{i1}^2 - 2(r_j P_j + x_j Q_j) + (r_j^2 + x_j^2) I_j^2 \quad (9-3)$$

式中：V_{i2} 为线路 j 的末节点 i_2 的电压；V_{i1} 为线路 j 的始节点 i_1 的电压。

二阶锥约束如下：

$$I_j^2 \geqslant \frac{P_j^2 + Q_j^2}{V_{i1}^2} \quad (9-4)$$

2）节点电压约束。为保证配电网的安全运行，节点电压需处于电压阈值内：

$$V_{i,min} \leqslant V_i \leqslant V_{i,max} \quad (9-5)$$

式中：V_i 为节点 i 的电压；$V_{i,max}$、$V_{i,min}$ 分别为节点电压的上、下限，文中均取为 1.1（标幺值）、0.9（标幺值）。

3）线路传输功率约束。线路传输功率不能超过线路的最大传输功率：

$$S_j \leqslant S_{j,\,\text{max}} \tag{9-6}$$

$$S_j^{\,2} = P_j^{\,2} + Q_j^{\,2} \tag{9-7}$$

式中：S_j 为线路 j 的传输功率；$S_{j,\,\text{max}}$ 为线路 j 的最大传输功率，最大传输功率为 1500MW。

4）光伏并网配置约束。对于光伏并网节点，配置容量应处于容量阈值内：

$$S_{\text{v},\,\text{min}} \leqslant S_{\text{v},\,i} \leqslant S_{\text{v},\,\text{max}} \tag{9-8}$$

$$-Q_{\text{v},\,i,\,\text{max}} \leqslant Q_{\text{v},\,i} \leqslant Q_{\text{v},\,i,\,\text{max}} \tag{9-9}$$

式中：$S_{\text{v},\,i}$ 为节点 i 的光伏配置容量；$S_{\text{v},\,\text{max}}$、$S_{\text{v},\,\text{min}}$ 分别为光伏配置容量的上、下限，对于非光伏并网节点，其配置容量为 0；$Q_{\text{v},\,i}$ 为节点无功的输出功率；$Q_{\text{v},\,i,\,\text{max}}$ 为节点 i 的无功最大调整值，设置为节点 i 光伏配置容量的 10%。

以上约束中节点电压约束、线路传输功率约束为电网安全约束，为确保在所给反送电阈值下电网安全约束始终不越限，需对反送电功率所有的可能情况进行遍历，得到安全约束不越限的最大反送电功率。

以节点电压约束不越限与线路传输功率约束不越限为安全边界约束的目标函数如下两式所示。

$$\max_{i \in \varOmega_{\text{bus}}} \frac{V_i - V_{i,\,\text{max}}}{V_{i,\,\text{max}}} \tag{9-10}$$

$$\max_{i \in \varOmega_{\text{line}}} \frac{S_j - S_{j,\,\text{max}}}{S_{j,\,\text{max}}} \tag{9-11}$$

式中：$\varOmega_{\text{bus}}$ 为配电网的节点集合；$\varOmega_{\text{line}}$ 为配电网的线路集合。分布式光伏的接入会造成电压升高，故不考虑电压越下限。

对于以上目标函数，若目标值大于 0，则表示存在越限风险；若目标值小于 0，则表示不发生越限。

（2）分布式光伏准入容量模型。以配电网无论处于何种分布式光伏配置情况下电网安全运行约束均不越限为目标，建立考虑潮流反送的配电网分布式光伏准入容量计算模型。安全边界约束建模实现了反送电功率的最大阈值获取，计算场景生成考虑了光伏发电效率与等效负荷的极端"不利"情况，网损"不利"状况则通过设置模型目标函数实现。由于网损主要受配电网结构影响，其中分布式光伏的配置方案需由光伏运营商与电网协调确定，而非电网自行决定，因此需要考虑分布式光伏配置方案处于最"不利"情况，即使是在网损最小的情况下。

基于以上分析，构建分布式光伏准入容量计算模型，以网损最小为目标，决策变量为分布式光伏的接入节点、容量和配电网的送电量，在满足运行安全约束下计算光伏准入容量。

1）目标函数：

$$\min P_{\text{loss}} = \sum_{j=1}^{m} P_{\text{loss}, j} \tag{9-12}$$

式中：P_{loss} 为总网损；$P_{\text{loss}, j}$ 为线路 j 的网损；m 为线路总数。

2）约束条件：除满足安全边界约束模型中的约束外，还需满足反送电阈值约束，其中的最大送电功率通过安全边界约束模型获取。

$$\sqrt{P_{\text{up}}^{2} + Q_{\text{up}}^{2}} \leqslant S_{\text{up, max}} \tag{9-13}$$

式中：$S_{\text{up,max}}$ 为最大送电功率；P_{up}、Q_{up} 分别为送电的有功功率和无功功率。

3）模型求解方法。针对所构建的光伏准入容量计算模型，需要确定反送电功率，从而进行潮流计算，因此只要确定反送电功率关键信息，即可实现模型的求解。

基于以上分析，本部分对反送电功率场景进行遍历，当确定了反送电功率后，可采用商业求解器对模型进行求解。模型求解流程图见图9-1。

求解步骤如下：

步骤1：导入配电网拓扑信息与运行场景。

步骤2：设置反送电功率为0。

步骤3：代入反送功率阈值模型，分别以节点电压、线路传输功率最大为目标，确定光伏配置方案。

步骤4：判断是否发生越限，若不发生电压越限或功率越限，则增大反送电功率阈值，并回到步骤3。

步骤5：如果发生电压越限或功率，求解光伏准入容量模型，确定光伏容量配置信息，并输出准入容量。

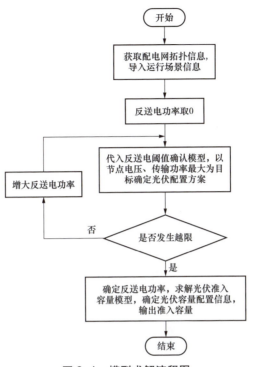

图 9-1　模型求解流程图

9.1.2　接入系统原则

1. 基本原则

（1）运行适应性原则：

1）一般要求：

当分布式电源并网点电压在 90%～110% 标称电压时，应能正常运行。

当分布式电源并网点频率在 48.5～50.5Hz 时，分布式电源应能正常运行。

2）低电压穿越：

通过 10（6）kV 电压等级直接接入公共电网的分布式电源并网点电压跌至 0（标幺值）时，其应能不脱网连续运行 0.15s。

并网点考核电压在图 9-2 中电压轮廓线及以上的区域内，分布式电源应不脱网连续运行；否则，允许分布式电源切出。具备更强低电压穿越能力的分布式电源，可采用更高的低电压穿越技术要求。

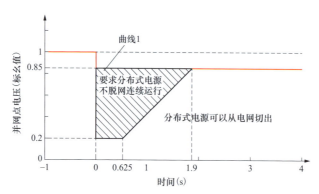

图 9-2 分布式电源低电压穿越要求

3）电压适应性：通过 10（6）kV 电压等级直接接入公共电网的分布式光伏电源在不同并网点电压范围内应能按表 9-1 的运行规定运行。

表 9-1 分布式光伏电源在不同并网点电压范围内运行规定

电压（U）范围	运行要求
小于 0.9（标幺值）	应符合低电压穿越要求
0.9（标幺值）≤U≤1.1（标幺值）	应正常运行
1.1（标幺值）<U≤1.2（标幺值）	应至少持续运行 10s
1.2（标幺值）<U≤1.3（标幺值）	应至少持续运行 0.5s

注 U 为并网点标称电压。

4）频率适应性：通过 10（6）kV 电压等级直接接入公共电网，以及通过 35kV 电压等级并网的分布式电源应具备一定的耐受系统频率异常的能力，应符合表 9-2 分布式电源在不同并网点频率范围内运行的规定。

表 9-2 分布式电源在不同并网点频率范围内运行的规定

频率（f）范围	运行要求
f<46.5Hz	根据允许运行的最低频率而定
46.5Hz≤f<47.0Hz	频率每次低于 47.0H，应能至少运行 5s
47.0Hz≤f<47.5Hz	频率每次低于 47.5Hz，应能至少运行 20s
47.5Hz≤f<48.0Hz	频率每次低于 48.0Hz，应能至少运行 1min
48.0Hz≤f<48.5Hz	频率每次低于 48.5Hz，应能至少运行 5min

续表

频率（f）范围	运行要求
48.5Hz≤f<50.5Hz	正常运行
50.5Hz≤f<51.0Hz	频率每次高于50.5Hz，应能至少运行3min
51.0Hz≤f<51.5Hz	频率每次高于51Hz，应能至少运行30s
f>51.5Hz	立即终止向电网送电，且不允许停运的分布式电源并网

（2）电能质量基本原则：通过10（6）kV 电压等级并网的分布式电源，应具备低电压穿越能力和高电压穿越能力，高低电压穿越的考核曲线应满足现行技术规范要求。

（3）有功无功控制原则：通过10（6）kV 电压等级并网的分布式电源应具有有功功率控制系统，具备有功功率连续平滑调节能力，并能够参与系统有功功率控制。通过380（220）V 并网的分布式电源应具有有功功率上送接口。

分布式电源应充分利用并网逆变器的无功容量及其调节能力，当并网逆变器的无功容量不能满足系统电压调节需要时，应在分布式电源处配置无功补偿装置，并综合考虑分布式电源各种出力水平和接入系统后各种运行工况下的暂态、动态过程，配置足够的动态无功补偿装置。

（4）通信与保护要求：接入用户侧的分布式电源，可采用无线、光纤、载波等通信方式，采用无线通信方式时，应采取信息通信安全防护措施。通过10（6）kV 电压等级直接接入公共电网的分布式电源，应采用专网通信方式，具备与电网调度机构之间进行数据通信的能力，能够采集电源的电气运行工况，上传至电网调度机构，同时具有接受电网调度机构控制调节指令的能力。

为保证设备和人身安全，分布式电源应具备相应继电保护功能，以保证配电网和发电设备的安全运行，确保维修人员和公众人身安全，其保护装置的配置和选型应满足所辖电网的技术规范和反事故措施。对于通过380V 电压等级并网的分布式电源，连接电源和电网的专用低压开关柜应有醒目标识。标识应标明"警告""双电源"等提示性文字和符号。10（6）kV 电压等级并网的分布式电源应在电气设备和线路附近标识"当心触电"等提示性文字和符号。

（5）电能计量：分布式电源接入电网前，应明确计量点，计量点设置除应考虑产权分界点外，还应考虑分布式电源出口与用户自用电线路处。每个计量点均应装设双向电能计量装置，电能表应采用智能电能表。计量装置应安装于公共位置并考虑相应的密闭措施，便于计量设备的检查和管理。用于结算和考核的分布式电源计量装置，应安装采集设备，接入用电信息采集系统，实现用电信息的远程自动采集。

（6）并网校核：分布式电源并网应不造成电网故障发生，并网校核包括热稳定评估、短路电流校核、电压偏差校核、谐波校核等。

热稳定校核评估对象包括变压器和线路，应以电网输变电设备热稳定不越限为原则，根据电网运行方式、输变电设备限值、负荷情况、发电情况、分布式电源出力特性等因素计算反向负载率。

短路电流校核对象应包括评估范围内短路电流有可能流经的所有设备，以接入分布式电源后系统各母线节点短路电流不超过相应断路器开断电流限值为原则，评估范围内系统最大运行方式下短路电流现状和待校核分布式电源容量。

电压偏差校核对象应包括 $35 \sim 220kV$ 变电站的 10（6）$\sim 220kV$ 电压等级母线，以无功功率就地平衡和分布式电源接入后电网电压不越限为原则，评估周期内电网最高和最低运行电压。

谐波校核对象应包括分布式电源提供的谐波电流和间谐波电压有可能影响的所有节点，以系统中分布式电源接入电网节点谐波电流值、间谐波电压含有率不越限为原则，评估各节点的谐波电流与间谐波电压。

2. 接入电压等级

（1）分布式电源接入电压等级应根据装机容量进行初步选择，分布式电源并网电压等级推荐表见表9-3。最终并网电压等级应根据电网条件，通过技术经济比选论证确定。

表9-3　　　　　　　　分布式电源并网电压等级推荐表

装机容量（kW）	并网电压等级（kV）
≤8	0.22
8~400（含 400）	0.38
400~6000（含 6000）	10（6）

（2）根据分布式电源发电自身利用情况不同，接入电压等级宜差异化考虑：对于直接接入用户内部电网的，分布式电源以自发自用、余量上网为主，接入电压等级结合用户内部自有专用变压器等建设情况，可按低于表 9-3 推荐的电压等级接入，但应满足公共连接点的最大上网出力不引起公共连接点所在公共电网设备反向重载。

3. 接入模式

（1）通过 380/220V 电压等级并网的分布式电源，接入模式根据运营模式、装机容量选取，对配电变压器低压侧接入点多个分布式电源并网的，优先采用汇集接入、一点并网方式。

（2）通过 10（6）kV 电压等级并网的分布式电源，接入模式包括接入公用电网及接入用户内部电网两种。直接接入公用电网时，优先采取 T 接或接入配电设施母线的方式；确需采用专线接入变电站 10（6）kV 母线的，应统筹考虑上下级电网利用效率，兼顾节约廊道和间隔资源进行充分论证。

9.1.3 典型接入系统方案

1. 220V 接网方案

220V 接网方案适用于分布式电源装机容量在 8kW 及以下，在满足电网安全运行及电能质量要求时，可采用 220V 接入并网，具体有如下两种典型接网方案。

（1）方案 1：220V 第一类典型接网方案。

适用范围：适用于 220V 全额上网的分布式电源项目。

参考容量：并网点装机容量在 8kW 及以下，采用 220V 单相接入。

方案描述：分布式电源汇集后经 1 回线路接入公用电网 220V 线路或配电箱。

投资界面：按照国家相关规定，接网工程由电网企业投资，产权分界点至公用电网的线路及公用电网的改扩建由电网企业投资，产权分界点之后的用户侧设备由用户投资。方案 1 的一次系统接线示意图见图 9-3。

（2）方案 2：220V 第二类典型接网方案。

适用范围：适用于 220V 自发自用、余量上网（接入用户电网）的分布式电源项目。

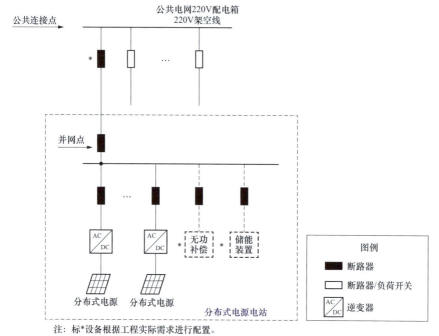

图 9-3　方案 1 的一次系统接线示意图

参考容量：并网点装机总容量在 8kW 及以下，采用 220V 单相接入。

方案描述：分布式电源逆变后汇集，经 1 回线路接入用户侧。方案 2 的一次系统接线示意图见图 9-4。

投资界面：接网工程由用户投资，产权分界点维持不变。

2. 380V 接网方案分析

380V 接网方案适用于分布式电源装机容量在 8~400kW，在满足电网安全运行及电能质量要求时，可采用 380V 并网，具体有如下 3 种典型接网方案。

（1）方案 3：380V 第一类典型接网方案。

适用范围：适用于 380V 全额上网的分布式电源项目。

参考容量：并网点装机容量在 8~100kW，采用 380V 接入。

方案描述：分布式电源逆变后汇集，经 1 回线路接入公用电网 380V 线路或配电箱。

投资界面：接网工程由电网企业投资，产权分界点至公用电网的线路及公用电网的改扩建由电网企业投资，产权分界点之后的用户侧设备由用户投

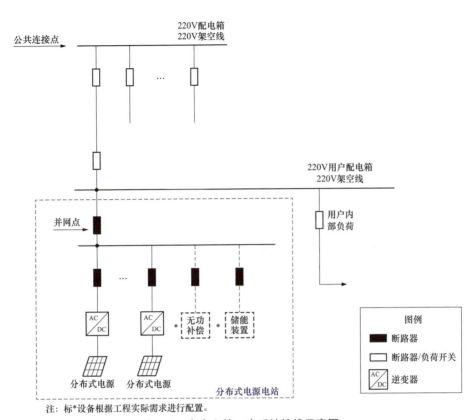

注: 标*设备根据工程实际需求进行配置。

图 9-4 方案 2 的一次系统接线示意图

资。方案 3 的一次系统接线示意图见图 9-5。

（2）方案 4：380V 第二类典型接网方案。

适用范围：适用于 380V 全额上网的分布式电源项目。

参考容量：并网点参考容量在 100~400kW。

方案描述：分布式电源逆变后汇集，经 1 回或多回线路接入公用电网配电室、箱式变电站或柱上变压器 380V 母线。

投资界面：接网工程由电网企业投资，产权分界点至公用电网的线路及公用电网的改扩建由电网企业投资，产权分界点之后的用户侧设备由用户投资。方案 4 的一次系统接线示意图见图 9-6。

（3）方案 5：380V 第三类典型接网方案。

适用范围：适用于 380V 自发自用、余量上网（接入用户电网）的分布式电源项目。

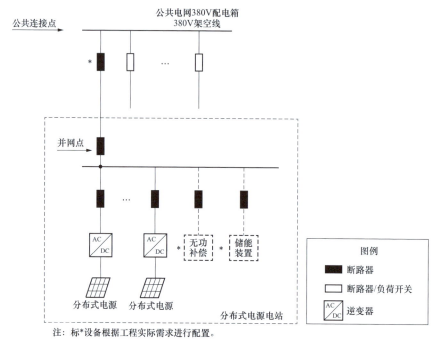

图 9-5　方案 3 的一次系统接线示意图

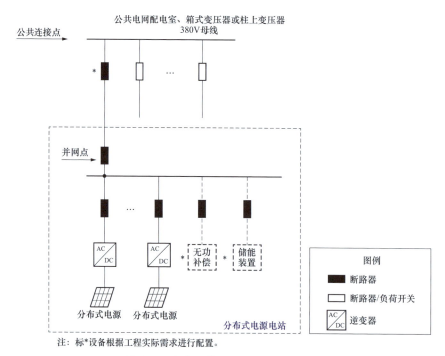

注：标*设备根据工程实际需求进行配置。

图 9-6　方案 4 的一次系统接线示意图

参考容量：单个并网点总容量在 8~400kW。

方案描述：分布式电源逆变后汇集，经 1 回线路接入用户内部电网。方案 5 的一次系统接线示意图见图 9-7。

投资界面：接网工程由用户投资，产权分界点维持不变。

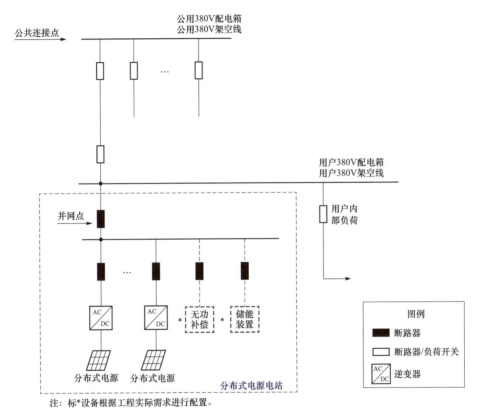

注：标*设备根据工程实际需求进行配置。

图 9-7　方案 5 的一次系统接线示意图

3. 10kV 接网方案分析

10kV 接网方案适用于分布式电源装机容量在 0.4~6MW，在满足电网安全运行及电能质量要求时，可采用 10kV 并网，具体有如下 3 种典型接网方案。

（1）方案 6：10kV 第一类典型接网方案。

适用范围：适用于 10kV 全额上网的分布式电源项目。

参考容量：并网点容量在 0.4~6MW。

方案描述：分布式电源电站经 1 回或多回线路接入公用电网开关站、环网室（箱）、配电室或箱式变电站 10kV 母线。光伏电站主接线一般采用线路变压器组。方案 6 的一次系统接线示意图见图 9-8。

一次设备配置：公用电网配电设施需配置 10kV 开关柜及送出线路（架空或电缆）。

投资界面：接网工程由电网企业投资，产权分界点设置在升压配电变压器高压侧，产权分界点至公用电网的线路及公用电网的改扩建由电网企业投资，产权分界点之后的用户侧设备由用户投资。

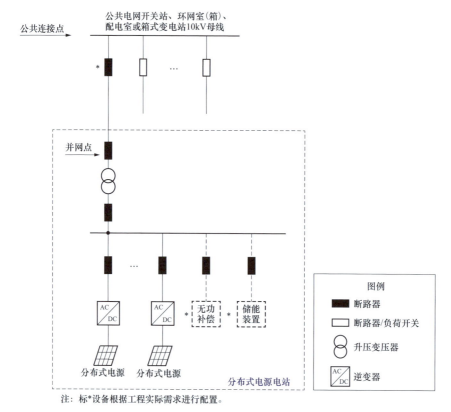

注：标*设备根据工程实际需求进行配置。

图 9-8　方案 6 的一次系统接线示意图

（2）方案 7：10kV 第二类典型接网方案。

适用范围：适用于 10kV 全额上网的分布式电源项目。

参考容量：单个并网点容量为 0.4~6MW。

方案描述：分布式电源电站经 1 回或多回线路 T 接公用电网 10kV 线路。

光伏电站主接线一般采用线路变压器组。方案7的一次系统接线示意图见图9-9。

投资界面：接网工程由电网企业投资，产权分界点设置在升压配电变压器高压侧，产权分界点至公用电网的线路及公用电网的改扩建由电网企业投资，产权分界点之后的用户侧设备由用户投资。

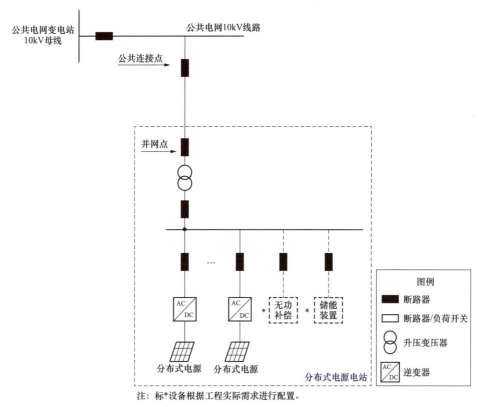

注：标*设备根据工程实际需求进行配置。

图 9-9　方案7的一次系统接线示意图

（3）方案8：10kV第三类典型接网方案。

适用范围：适用于10kV自发自用、余量上网（接入用户电网）的分布式电源项目。

参考容量：单个并网点参考容量为0.4~6MW。

方案描述：分布式电源电站经1回或多回线路接入用户10kV母线。光伏电站主接线采用线路变压器组或单母线接线。方案8的一次系统接线示意图见图9-10。

投资界面：接网工程由用户投资，产权分界点维持不变。

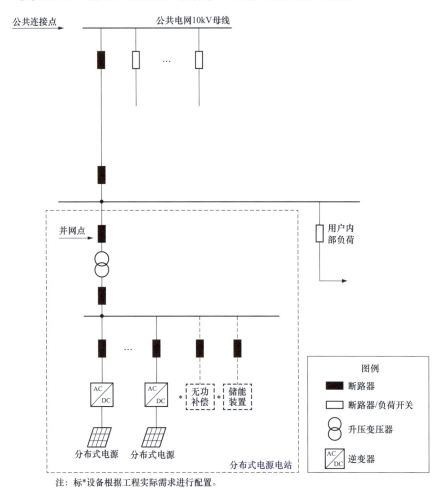

注：标*设备根据工程实际需求进行配置。

图 9-10　方案 8 的一次系统接线示意图

9.2　电动汽车充换电设施

9.2.1　充电设施充电需求测算

充电负荷需求计算应考虑远期充电基础设施报装容量，综合考虑充电机效率、功率因数、桩间同时率等，并兼顾常规负荷、光伏出力及储能充放电等情况统筹确定。充电负荷需求计算如下：

$$S_1 = K_1\left(\frac{P_{a1}}{\cos\varphi_{a1} \cdot \eta_{a1}} + \frac{P_{a2}}{\cos\varphi_{a2} \cdot \eta_{a2}} + \cdots + \frac{P_{an}}{\cos\varphi_{an} \cdot \eta_{an}}\right) +$$

$$K_2\left(\frac{P_{b1}}{\cos\varphi_{b1} \cdot \eta_{b1}} + \frac{P_{b2}}{\cos\varphi_{b2} \cdot \eta_{b2}} + \cdots + \frac{P_{bn}}{\cos\varphi_{bn} \cdot \eta_{bn}}\right)$$

(9-14)

式中：S_1 为充电负荷容量（kVA）；P_{a1}、P_{a2}、$\cdots$、P_{an} 为直流充（换）电设施的输出功率（kW）；P_{b1}、P_{b2}、$\cdots$、P_{bn} 为交流充（换）电设施的输出功率（kW）；$\cos\varphi_{a1}$、$\cos\varphi_{a2}$、$\cos\varphi_{an}$ 为各充电机的功率因数，取 0.95；η_{a1}、η_{a2}、$\cdots$、η_{an} 为直流充电机工作效率，取 0.92；η_{b1}、η_{b2}、$\cdots$、η_{bn} 为直流充电机工作效率，取 0.92；K_1 为直流充（换）电设施桩间同时率；K_2 为交流充（换）电设施桩间同时率。

充电设施配变总容量需求计算公式如下：

$$S_\Sigma = K_3(S_1 + S_2) / \beta$$

(9-15)

式中：K_3 为充电负荷与常规负荷间的同时率；S_Σ 为配电变压器总容量需求（kVA）；S_1 为充电负荷需求（kVA）；S_2 为常规需求（kVA）；β 为配电变压器正常方式下允许的最大负载率（%），取 0.8。

在计算配电变压器最大负荷时，K_1、K_2、K_3 宜取 1。

9.2.2 充电设施接入原则

充（换）电设施的供电电压等级、接入点，应根据当地电网条件、供电可靠性要求、供电安全要求、充电设备及辅助设备总容量，经过技术经济比较后确定，参照《电动汽车充换电设施接入配电网技术规范》（GB/T 36278—2018），电动汽车充（换）电设施接入电压及接入点推荐表见表9-4。

表 9-4　　电动汽车充（换）电设施接入电压及接入点推荐表

接入容量	接入电压等级推荐	接入点	计量方式
交流 7kW 单桩接入	0.22kV	低压配电室/配电箱	低压计量，单桩配置专属电能表
总功率小于160kW	0.38kV	低压配电室/配电箱	配电变压器低压出线关口计量

接入容量	接入电压等级推荐	接入点	计量方式
总容量大于 160kW 且小于 4000kVA	10kV	10kV 公线接入	配电变压器高压进线侧高压计量
总容量大于 4000kVA 且小于 10000kVA	10kV	10kV 专线接入	上级变电站内 10kV 关口计量
总容量大于 10000kVA	35/110kV	35/110kV 专线接入	变电站出线侧高压计量

充（换）电设施接入电网应符合以下要求：

（1）充（换）电设施可接入公共电网或用户电网，接入点选择应根据其电压等级和周边电网情况确定。

（2）380V、220V 供电的充电设备，宜接入低压公用配电箱；接入 10kV 电网的充换电设施，容量小于 4000kVA 宜接入公用电网 10kV 线路或接入环网柜、电缆分支箱、开关站等，受电变压器总容量大于 4000kVA 的充（换）电设施宜采用专线接入。

（3）对于低压接入的电动汽车充电桩，接入前应对用户负荷及配电变压器容量进行分析，条件允许时应尽量选取线路前端接入。

（4）对于低压接入的电动汽车充电桩，应尽量接入负载率相对较低的配电变压器，避免接入重过载配电变压器。若无法避免，应考虑负荷变化合理确定充电时间。

（5）对于通过 10kV 接入的充换电设施接入位置，在条件允许时应尽量靠近变电站或 10kV 线路首端。

（6）对于充（换）电设施接网的产权分界点，应依据相关法律和供电营业规则，考虑不同场景充（换）电设施及配套报装类型和资产归属性质，在电能表、变压器关口、低压母线等处合理设置。

9.2.3 典型接入系统方案

充换电设施接入电网宜按下列示意图接入。

（1）10kV 单回路接入。充换电站接入 10kV 线路示意图，充换电站接入

10kV 环网柜、电缆分支箱示意图，充换电站接入 10kV 专线接入示意图分别见图 9-11~图 9-13。

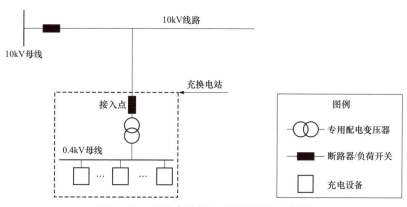

图 9-11　充换电站接入 10kV 线路示意图

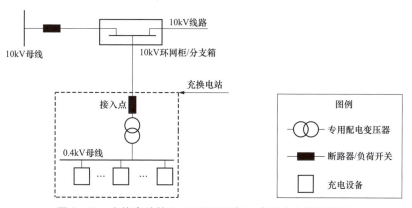

图 9-12　充换电站接入 10kV 环网柜、电缆分支箱示意图

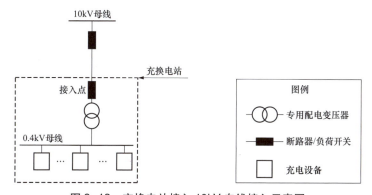

图 9-13　充换电站接入 10kV 专线接入示意图

（2）10kV 双回路或双电源接入。充换电站 10kV 双回路接入示意图、充换电站 10kV 双电源接入示意图分别见图 9-14、图 9-15。

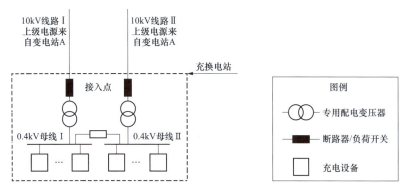

图 9-14 充换电站 10kV 双回路接入示意图

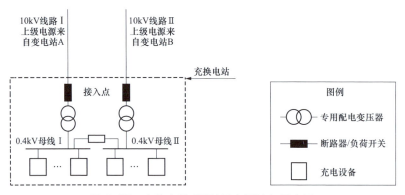

图 9-15 充换电站 10kV 双电源接入示意图

（3）220/380V 接入。充换电设备接入 220/380V 电网示意图见图 9-16。

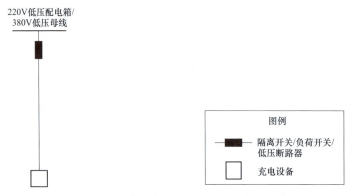

图 9-16 充换电设备接入 220/380V 电网示意图

9.3 分布式储能

分布式储能系统在配用电系统中的应用范围广泛，其能够提高系统的运行可靠性、提高电能质量、增加可再生能源接入能力、增加经济效益，为智能配电网的发展提供支撑。相较于大规模、集中式的储能电站，分布式储能设备具有更少的环境、自然条件限制和更灵活的接入方式，可在配电网、微电网、分布式电源侧及用户侧发挥独特的作用。此外，分布式储能技术应用于配电网中，可实现调峰、调频、调压等辅助服务功能。

9.3.1 应用原则

（1）基本原则。在储能电站的布置和规划中，可以遵循以下基本原则：一是区域调峰调频主导，区域调峰和调频的储能电站应与变电站合建或在附近布置，以便更好地支持电网的整体性能。二是以线路侧调峰为主，对于线路侧的调峰储能电站，最好将其布置在线路负荷中心，以确保最大程度地满足负荷需求。三是受限区域的电网升级，用于缓解受限区域电网系统问题的储能电站应布置在这些受限区域，以有效应对电网瓶颈。四是电能质量问题节点，用于提高电能质量的储能电站应位于存在电压问题的节点附近，以解决过电压和低电压问题。五是提高供电可靠性，用于提高供电可靠性的储能电站应布置在单辐射或大分支线路末端，确保最远端用户能够获得可靠供电。六是山区抗冰灾，针对山区可能受到覆冰问题的情况，储能电站应布置在易发生覆冰的地区，通过储能充放电来提高导线温度，预防覆冰导致导线断裂，从而提高山区电网供电可靠性。

这些基本原则有助于根据不同的应用场景和需求，合理规划和布置储能电站，以实现更高效、可靠和可持续的电力供应。

（2）接入电压等级。储能系统可通过三相或单相接入配电网，储能系统接入配电网电压等级推荐表见表9-5。

表9-5 储能系统接入配电网电压等级推荐表

储能系统容量	并网电压等级	接入方式
8kW 及以下	220V	单相
8~400kW	380V	三相
400kW~6MW	6~10（20）kV	三相
6~40MW	35（20）kV	三相

（3）接入点。储能系统接入公共电网或用户电网，接入点选择应根据其电压等级及周边电网情况确定，储能系统接入点选择推荐表见表9-6。

表9-6 储能系统接入点选择推荐表

电压等级	接入点
35kV	变电站、开关站 35kV 母线
10kV	变电站、开关站、配电室、箱式变电站、环网室（箱）的 10kV 母线，10kV 架空线路
380/220V	配电箱/线路，配电室、箱式变电站或柱上变压器低压母线

9.3.2 配置方法

储能的总体配置原则为电源侧推进"新能源+储能"发电方式，电网侧配置重要线路/变电站储能，负荷侧配置分布式用户侧储能，在运行侧配置移动储能应急电源。

（1）电网侧储能。在电网建设成本高、负荷尖峰显著和重要用户较多的区域，应配置电网侧储能电站。其主要作用是削峰填谷，提高电能质量和供电可靠性，并适当考虑其服务范围内分布式电源的影响。

储能配置容量推荐满足以下要求：一是变电站尖峰负载率下降至80%及以下，且保障变电站满足"$N-1$"要求，持续时间根据尖峰负荷出现时长确定，以1~2h为宜；二是保障线路满足"$N-1$"要求；三是能够保证配电变压器/线路反向负载率下降至80%及以下，持续时间根据反向尖峰净负荷出现时长确定，以0.5~2h为宜；四是重要用户按照用户二级及以上重要负荷配置同等功率储能，放电时间宜取2h。

（2）电源侧储能。配置于常规电源侧的储能，有利于提升常规电源机组的调节性能和运行灵活性，其容量配置宜从满足机组最小技术出力和机组调节速度的角度考虑。配置于新能源发电侧的储能，可实现新能源的平滑出力，提高风、光等可再生资源的利用率。

（3）用户侧储能。对于可靠性需求较高、电能质量敏感、峰谷差大和需求侧响应比例高的用户，可考虑在用户侧配置储能。提高供电质量的用户，可根据实际负荷规模、电能质量要求按需配置；削峰填谷用户，储能容量一般可按照最大负荷的10%左右配置，放电时间为2h。

9.3.3　经济性评价

对于分布式储能的配置，主要以经济性为主要优化目标，使分布式储能原始成本、更换成本、操作维护成本的总成本最少，同时可以考虑可靠性等其他优化指标。经济性优化指标主要有成本回收期、生命周期成本、年平均成本、度电成本等。

（1）年平均成本。年平均成本包括年平均资本成本、年平均更换成本和年平均运行维护成本，表示该系统每年平均的投资成本。

$$I_{ACS} = C_{acap} + C_{arep} + C_{amain} \tag{9-16}$$

式中：C_{acap} 为年平均资本成本；C_{arep} 为年平均更换成本；C_{amain} 为年平均运行维护成本。

$$C_{acap} = C_{cap}C_{RF} = C_{cap}\frac{i(1+i)^{Y_{proj}}}{(1+i)^{Y_{proj}} - 1} \tag{9-17}$$

$$C_{arep} = C_{crep}S_{FF} = C_{crep}\frac{i}{(1+i)^{Y_{rep}} - 1} \tag{9-18}$$

式中：C_{RF} 为资金回收系数，为一段时间内收回全部资本所需的年金与全部资本的比值；C_{cap} 为总资本成本；C_{crep} 为总更换成本；i 为利率；Y_{proj} 为系统运行年限；S_{FF} 为偿债基金系数，为在一段时间内偿还未来的债务所需的年金与债务的比值；Y_{rep} 为需要更换的设备的使用寿命。

（2）生命周期成本。生命周期成本包括分布式储能投资成本、更换成本的现值和运行维护成本现值的总和。

$$I_{LCC} = C_{invest} + \sum N_{rep\_k} + \sum N_{O\&M\_k} \tag{9-19}$$

式中：C_{invest} 为分布式储能系统的投资成本；N_{rep_k} 为第 k 次更换电池所需成本的现值；$N_{O\&M\_k}$ 为第 k 年运行维护成本的现值。

生命周期成本也可以用年平均成本除以资金回收系数求得。

$$I_{LCC} = \frac{A_{CS}}{C_{RF}} \tag{9-20}$$

式中：A_{CS} 为年平均成本；C_{RF} 为资金回收系数。

（3）净现值。净现值定义为在运行年限内分布式储能未来总收入的现值减去生命周期成本，体现了在考虑贴现率的情况下系统在运行年限内净收益的现值。

$$I_{NPV} = \sum N_{sale\_k} + \sum N_{end\_k} - I_{LCC} \tag{9-21}$$

式中：N_{sale_k} 为第 k 次交易系统收益的现值；N_{end_k} 为在达到系统运行寿命时第 k 台设备的残余价值的现值；I_{LCC} 为系统的生命周期成本。

（4）净现成本。净现成本定义为在运行年限内系统总成本的现值减去未来总收入的现值，与净现值互为相反数。

（5）内部收益率。内部收益率定义为当净现值等于零时的折现率，可以通过试算法和插值法来求得。它可以用来衡量某一项目的可行性。若内部收益率大于分布式储能投资人员所要求的最低投资报酬率，则该项目可行；否则项目不可行。

$$I_{IRR} = i \big|_{NPV=0} \tag{9-22}$$

式中：$i \big|_{NPV=0}$ 为净现值等于零时的折现率。

（6）投资回收期。投资回收期定义为系统回收其初始投资所需要的时间，即系统的初始投资成本除以年净收益现值。其值越小，说明系统的资本回收能力越强，投资人的投资意愿越高。

$$I_{PBP} = \frac{C_{invest}}{N_{sale\_an} - \left(\sum N_{rep\_k} + \sum N_{O\&M\_k} \right)} \tag{9-23}$$

式中：C_{invest} 为系统的初始投资成本；N_{sale_an} 为系统的年收益现值；$\sum N_{rep\_k}$、$\sum N_{O\&M\_k}$ 为系统的年平均更换和运行维护成本。

9.3.4 典型接入系统方案

分布式储能设施接入电网宜按下列示意图接入。

（1）电网侧储能。电网侧储能接网方式一般有专用线路接入变电站 10kV 母线、T 接 10kV 公用架空线路、接入 10kV 公用电缆线路的环网室（或环网箱），专用线路接入变电站 10kV 母线、T 接 10kV 公用架空线路、接入 10kV 公用电缆线路的环网室（或环网箱）见图 9-17~图 9-19。

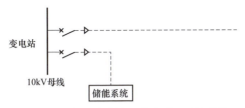

图 9-17　专用线路接入变电站 10kV 母线

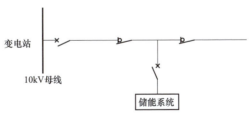

图 9-18　T 接 10kV 公用架空线路

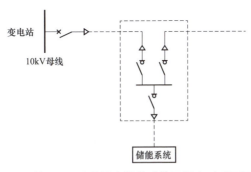

图 9-19　接入 10kV 公用电缆线路的环网室（或环网箱）

（2）电源侧储能。为节约投资，推荐电源侧储能电站以专线形式接入升压站低压侧，专线形式接入升压站低压侧见图 9-20。

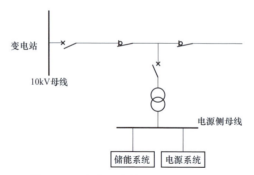

图 9-20　专线形式接入升压站低压侧

（3）用户侧储能。推荐用户侧储能以专线形式接入用户侧低压配电箱，见图 9-21。

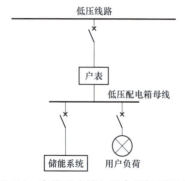

图 9-21　专线形式接入用户侧低压配电箱

10 中压目标网架及近中期网架规划

10.1 典型目标供电模式

10.1.1 构建思路与架构

1. 供电模式体系构建思路

统筹考虑系统性、适应性和实用性，搭建场景化、精益化和模块化的供电模式体系，主动适应新型电力系统建设和源荷即插即用的接入需求，重点做好"4个衔接"，实现"2个引领"，即与导则技术标准衔接、与网格化规划理念衔接、与一二次融合配置衔接、与城乡配网差异特征衔接，实现引领网架建设提质升级、引领源网荷储协调互动。

（1）与技术标准衔接。目标网架及设备选型总体遵循《配电网规划设计技术导则》（DL/T 5729—2023）配电网规划适用技术标准。针对高供电可靠性需求、直流负荷集中、分布式电源高渗透区域，经技术经济方案评估后，适当提升优化目标网架和设备选型标准。

（2）网格化规划理念衔接。遵循"大而化小、小而治之"的网格化理念，以网格供电需求和源荷特征为依据划分典型供电场景，提出一套网架结构、安全标准、设备选型、二次配置、供电模型等关键参数，充分满足区域内供电及源荷友好柔性接入需求。

（3）与一二次融合配置衔接。坚持高中压协调、多专业融合，在创新优化一次网架和设备选型的同时，提出相配套的二次保护、通信、配电自动化方案。

（4）与城乡配网差异特征衔接。充分考虑城乡配电网在负荷密度、分布特征、站址廊道、源荷需求等要素之间的差异，通过优化配置匹配差异化需求，提出在投资经济性、设备利用率、组网灵活性、源荷接入能力等方面各有优势的目标供电模式。

2. 典型供电模式构建框架

配电网网格化规划遵循了"大而化小、小而治之"的理念，将一定供电面积的区域分别划分为供电分区、供电网格、供电单元 3 个层级，其中供电分区对应高压电网层级，主要开展 110kV 及以上电网规划；供电网格和供电单元对应中压电网层级，主要开展 10kV 及以下电网规划，其中供电网格是承上启下的关键部分。因此，本部分以网格为载体，典型场景划分充分考虑供电质量、源荷特征、地理环境等要素，搭建"供电模式-模块组-子模块"的 3 层结构。供电模式衔接商业、工业、公共、居住 4 大类典型场景，根据差异化的供电可靠性需求和负荷密度水平等特征指标，选取基本模块组中的不同参数配置进行搭建，最终构成场景化的典型供电模式。

模块组是建立各种典型供电模式方案的基本要素，指导配电网的具体设备选型和微观构建，涵盖与网格化目标网架直接相关和间接相关的各类关键要素，主要包括接线模式模块组、供电安全标准模块组、一次设备选型模块组、二次设备配置模块组、供电模型模块组、源荷储互动模块组 6 部分。

子模块包含在 6 个模块组中，根据各模块组的具体细项开展论证，给出具体的参数选取标准。供电模式体系架构图见图 10-1。

10.1.2　网格化供电场景划分

在新型电力系统建设背景下，未来配电网的源荷构成场景将丰富多样，而不同源荷构成的区域其供电需求将展现出明显差异的特征，需要根据不同的源荷构成场景适配差异化的规划建设标准。遵循网格化规划和多专业网格融合理念，根据不同区域的源荷特性将网格类型划分为商业、工业、公共、居住 4 大类，并细分为 19 小类，提出差异化规划目标。

1. 供电质量目标

供电质量目标可采用供电可靠性、电压合格率 2 项指标来具体衡量，目标取值衔接《配电网规划设计技术导则》（DL/T 5729—2023）中不同供电区域中供电可靠率、综合电压合格率的目标值，其中中心商务区类场景在导则基础上适当提升供电可靠率至 99.9995%。

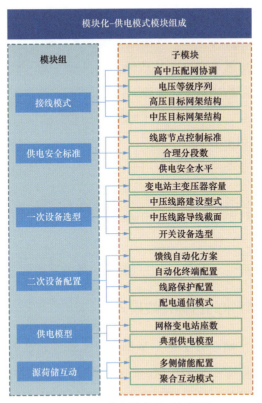

图 10-1　供电模式体系架构图

2. 传统负荷特征

传统负荷特征从满足常规供电需求的角度出发，细分为主要负荷构成和饱和负荷密度区间两项衡量指标。主要负荷构成衔接商业类、工业类、公共服务类和居住类用户，通过网格负荷构成进行区分。负荷密度是反映网格总体发展水平的重要指标，在衔接《配电网规划设计技术导则》（DL/T 5729—2023）中不同类型供电区域、不同典型网格的饱和负荷密度基础上，通过负荷调研和聚类分析进一步细分出密度在 0.5MW/km² 以下的农村零散居住区和密度在 60、80MW/km² 以上的中心商务区、重型工业区。

3. 新兴源荷要素

新兴源荷要素涵盖多元负荷和分布式电源两方面。多元负荷涵盖各类充电设施（公共停车场、小区、V2G）、新型储能和季节性负荷（电烤烟、烤茶），与供电场景特征相匹配。分布式电源主要衡量分布式光伏渗透情况，不同的场景差异明显，其中公共类和居住类场景存在渗透率超过 100% 的情形，在其接入中将提出差异性举措。以福建为例，考虑福建城乡/山海差异，基于源荷特性的网格供电场景划分见表 10-1。

其中，主要负荷构成划分标准如下：

商业网格：商业、商务类用户（地块用地性质为 B 类）饱和负荷占网格总负荷比例的 60% 以上。

工业网格：工业类用户（地块用地性质为 M 类）饱和负荷占网格总负荷比例的 60% 以上。

居住网格：居住类用户（地块用地性质为 R 类）饱和负荷占网格总负荷比例的 50% 以上。

公共网格：除商业、工业、居住类网格以外的网格划分为公共网格。

10.1.3 基于接线组的目标接线模式

在电缆网和架空网基础上进一步细分。统筹可靠性需求与经济性要求，根据福建配电网特征需求延伸拓展，针对现状网架结构形态各异、线路联络和分支缺乏约束、设备配置标准衔接不紧密等问题，构建以标准接线组为载体的单元制目标网架，涵盖目标网架结构、主要设备选型、分支约束等关键要素。

1. 电缆网目标接线模式

电缆网主要应用在商业、工业、公共、居住类场景中的高、中档类别，负荷密度普遍高，停电影响及负荷损失大。

（1）电缆网-单环网（标准型）：

适用场景：标准供电场景。

目标网架：电缆网-单环网（标准型），由 2 回线路以环网室（箱）为主干节点构成的标准接线组，单回馈线最大负载率控制在 50% 以内。

开关设备：宜建设环网室（箱），新建环网室（箱）进出线间隔应采用全断路器，开关设备满足一二次融合要求，配置相应的继电保护和自动化一体化融合装置。

表 10-1

基于源荷特性的网格供电场景划分表

网格场景类别	场景编号	场景细分类别	供电场景划分		供电质量目标		主要负荷构成	传统负荷特征	新兴源荷要素		分布式电源渗透率
			供电可靠率	电压合格率			饱和负荷密度 x 区间 (MW/km²)	多元负荷要素		
商业	SY-1	中心商务区类	99.9995%	99.99%			x≥60			
	SY-2	高档商业区类	99.9990%	99.99%	商业、商务类用户		30≤x<60	充电设施（公共停车场、V2G）、新型储能		10%~40%
	SY-3	中档商业区类	99.9940%	99.97%			15≤x<30			
	SY-4	普通商业区类	99.9750%	99.95%			10≤x<15			
	SY-5	零散商业区类	99.9320%	98.79%			1≤x<10			
工业	GY-1	重型工业区类	99.9940%	99.99%			x≥80			
	GY-3	轻型工业区类	99.9750%	99.99%	工业类用户		30≤x<80	充电设施（用户停车场、V2G）、新型储能		10%~60%
	GY-2	高附加产业区类	99.9940%	99.99%			10≤x<40			
	GY-4	乡镇工业区类	99.9320%	98.79%			x<10			

新型电力系统配电网 网格化规划及应用

| 网格场景类别 | 供电场景划分 | | 供电质量目标 | | 传统负荷特征 | | 新兴源荷要素 | |
	场景编号	场景细分类别	供电可靠率	电压合格率	主要负荷构成	饱和负荷密度 x 区间（MW/km²）	多元负荷要素	分布式电源渗透率
公共	GG-1	公共服务区类	99.9940%	99.97%	公共服务类用户	20≤x<30	充电设施（公共停车场）、新型储能	20%~200%
	GG-2	行政办公区类	99.9940%	99.97%		15≤x<30		
	GG-3	休闲娱乐区类	99.9750%	99.95%		6≤x<20		
	GG-4	风景旅游区类	99.9320%	98.79%		1≤x<10		
居住	JZ-1	城市高档住宅区类	99.9990%	99.99%	居住类用户	30≤x<40	充电设施（小区、公共停车场，V2G）	0%~20%
	JZ-2	城市中档住宅区类	99.9940%	99.97%		15≤x<30		
	JZ-3	城市普通住宅区类	99.9750%	99.95%		6≤x<15		
	JZ-4	城郊低密居住区类	99.9320%	98.79%		1≤x<6		
	JZ-5	农村集群居住区类	99.8630%	97.00%		x<1	季节性电力负荷（电烤烟、烤茶）、充电设施（公共停车场）	40%~200%
	JZ-6	零散自建居住区类	99.8630%	97.00%		x<0.5		

线路选型：线路主干截面根据负荷密度及变电站主变压器容量选择400mm² 或 300mm² 的电缆，分支采用 150mm² 电缆；电缆网-单环网（标准型）接线模式示意图见图 10-2。

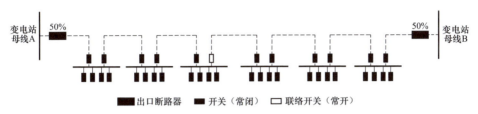

图 10-2 电缆网-单环网（标准型）接线模式示意图

（2）电缆网-单环网（Y 型）：

适用场景：高负荷密度供电场景。

主干网架：电缆网-单环网（Y 型），由 3 回线路以环网室（箱）为主干节点构成的标准接线组，按照"两供一备"的模式运行，负载率分别控制在80%、80%、20%。

开关设备：宜建设环网室，不具备条件的区域也可建设环网箱，新建环网室（箱）进出线间隔均采用断路器，开关设备满足一、二次融合要求，配置相应的继电保护和自动化一体化融合装置。

线路选型：线路主干及联络线路截面积选择 400mm² 或 300mm² 的电缆，分支采用 150mm² 的电缆；电缆网-单环网（Y 型）接线模式示意图见图10-3。

（3）电缆网-单环网（梯型）：

适用场景：高负荷密度供电场景。

主干网架：电缆网-单环网（梯型），由 4 回线路以环网室（箱）为主干节点构成的标准接线组，单回馈线最大负载率控制在 75%以内。

开关设备：宜建设环网室，不具备条件的区域也可建设环网箱，新建环网室（箱）进出线间隔采用全断路器，开关设备满足一二次融合要求，配置相应的继电保护和自动化一体化融合装置。

线路选型：线路主干及联络线路截面积选择 400mm² 或 300mm² 的电缆，分支采用 150mm² 的电缆；电缆网-单环网（梯型）接线模式示意图见

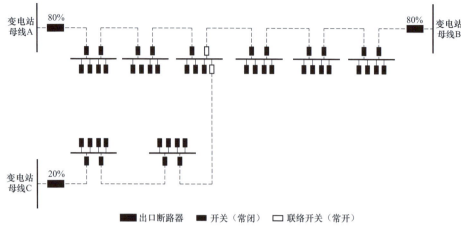

图 10-3　电缆网-单环网（Y型）接线模式示意图

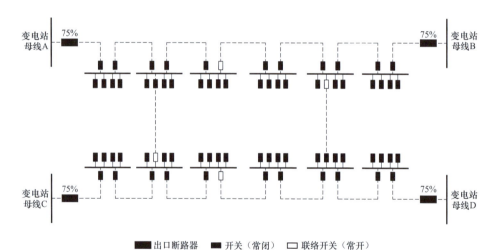

图 10-4　电缆网-单环网（梯型）接线模式示意图

图 10-4。

（4）电缆网-单环网（H型）：

适用场景：局部新增点负荷供电场景。

主干网架：电缆网-单环网（梯型），由 4 回线路以环网室（箱）为主干节点构成的标准接线组，形成 2 联络的 2 回线路馈线最大负载率控制在 75% 以内，单联络的 2 回线路控制在 50% 以内。

开关设备：宜建设环网室，不具备条件的区域也可建设环网箱，新建环网室（箱）进出线间隔采用全断路器，开关设备满足一二次融合要求，配置相应的继电保护和自动化一体化融合装置。

线路选型：线路主干及联络线路截面积选择 400mm² 或 300mm² 的电缆，分支采用 150mm² 的电缆；电缆网-单环网（H 型）接线模式示意图见图10-5。

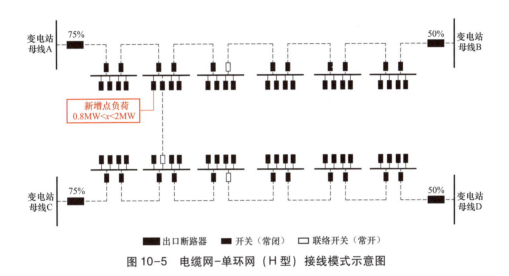

图 10-5　电缆网-单环网（H 型）接线模式示意图

（5）电缆网-双环网（标准型）：

适用场景：标准供电场景。

目标网架结构：电缆网-双环网（标准型），由 4 回线路以环网室（箱）/开关站为主干节点构成的标准接线组，单回馈线最大负载率控制在 50%以内。

开关选型：宜建设环网室（开关站），不具备条件的区域也可建设环网箱，新建开关站、环网室（箱）进出线间隔应采用全断路器，开关设备满足一二次融合要求，配置相应的继电保护和自动化一体化融合装置。

线路选型：线路主干截面积根据负荷密度及变电站主变压器容量选择 400mm² 或 300mm² 的电缆，分支采用 150mm² 的电缆；电缆网-双环网（标准型）接线模式示意图见图10-6。

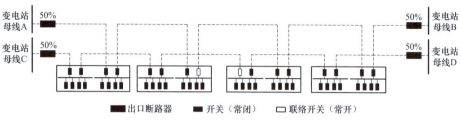

图 10-6 电缆网-双环网（标准型）接线模式示意图

（6）电缆网-双环网（梁柱型）：

适用场景："双高"（高供电可靠性、高负荷密度）供电场景。

目标网架：电缆网-双环网（梁柱型），在双环网（二字型）的基础上进一步构建分支环网，由 4（8）回线路以环网室/开关站为主干节点构成的标准接线组，单回馈线最大负载率控制在 75% 以内。

开关设备：宜建设环网室（开关站），不具备条件的区域也可建设环网箱，新建开关站、环网室（箱）进出线间隔应采用全断路器，开关设备满足一二次融合要求，应配置相应的继电保护和自动化一体化融合装置。

线路选型：线路主干及联络线路截面积选择 400mm^2 的电缆，分支采用 150mm^2 的电缆；电缆网-双环网（梁柱型）接线模式示意图见图 10-7。

2. 架空网目标接线模式

架空网主要应用在商业、工业、公共、居住类场景，应用区域负荷密度一般，停电影响损失一般。

（1）架空网-单联络（标准型）：

适用场景：标准供电场景。

主干网架：架空网-单联络（标准型），由 2 回线路以架空形式构成的标准接线组；单回馈线最大负载率控制在 50% 以内。

开关设备：柱上开关真空断路器、开关设备满足一二次融合要求。

线路选型：主干线路导线截面积选用 240、150mm^2，分支线导线截面选用 95、50mm^2；架空网-单联络（标准型）接线模式示意图见图 10-8。

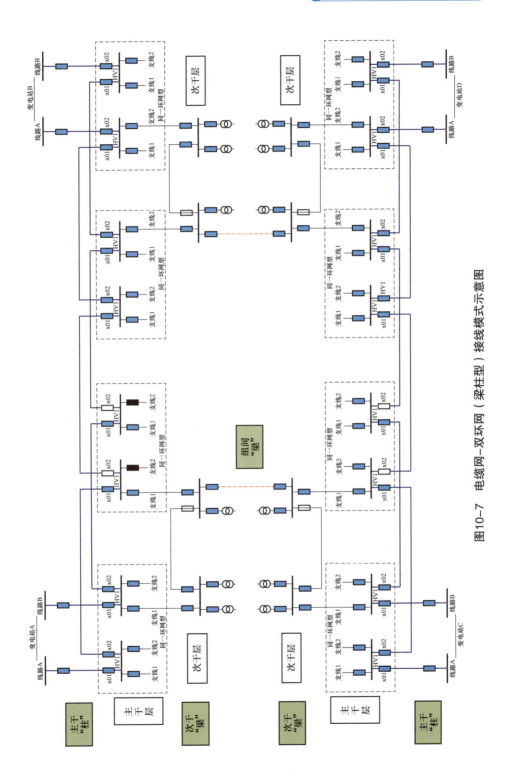

图10-7 电缆网-双环网（梁柱型）接线模式示意图

图 10-8　架空网-单联络（标准型）接线模式示意图

（2）架空网-单联络（拓展Ⅰ型）：

适用场景：分布式光伏规模化接入场景。

目标网架：架空单联络标准型接线组。

开关设备、线路选型与标准接线保持一致。

网架拓展：①根据开发主体的不同，给出差异化的接入电压等级，并对部分场景要求集中连片接入；②对低压接入配电变压器，且渗透率达到标准能够满足总量自平衡的，可因地制宜构建低压微电网；③对线分布式新能源渗透率达到要求的线路，因地制宜构建中压微电网。架空网-单联络（拓展Ⅰ型）接线模式示意图见图 10-9。

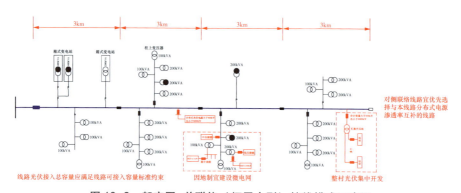

图 10-9　架空网-单联络（拓展Ⅰ型）接线模式示意图

（3）架空网-单联络（拓展Ⅱ型）：

适用场景：偏远地区长距离供电场景。

目标网架：架空单联络标准型接线组。

开关设备、线路选型与标准接线保持一致。

网架拓展：在目标接线的基础上，配置中压发电车接口、线路调压器、有载调压配电变压器等举措保障用户供电质量；架空网-单联络（拓展Ⅱ型）

接线模式示意图见图 10-10。

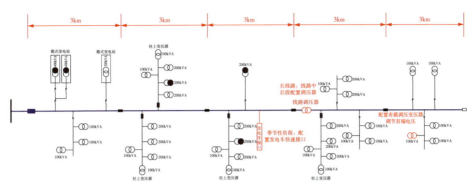

图 10-10 架空网-单联络（拓展 II 型）接线模式示意图

（4）架空网-两联络（梯型）：

适用场景：高负荷密度供电场景。

主干网架：架空网-两联络（梯型），由 4 回线路以架空形式构成的标准接线组，单回馈线最大负载率控制在 75% 以内。

开关设备：柱上开关真空断路器、开关设备满足一二次融合要求。

线路选型：主干线路导线截面积选用 240mm²，分支线导线截面积选用 150、95mm²。架空网-两联络（梯型）接线模式示意图见图 10-11。

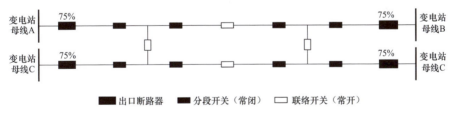

██ 出口断路器　██ 分段开关（常闭）　□ 联络开关（常开）

图 10-11 架空网-两联络（梯型）接线模式示意图

（5）架空网-两联络（Y 型）：

适用场景：高负荷密度供电场景。

主干网架：架空网-两联络（Y 型），由 3 回线路以架空形式构成的标准接线组；形成 2 联络的 3 回线路馈线最大负载率控制在 66.7% 以内。

开关设备：柱上开关真空断路器、开关设备满足一二次融合要求。

线路选型：主干线路导线截面积选用 240mm²，分支线导线截面积选用 150、95mm²；架空网-两联络（Y型）接线模式示意图见图 10-12。

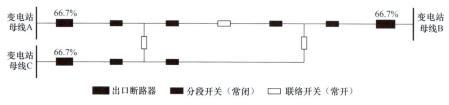

图 10-12 架空网-两联络（Y型）接线模式示意图

（6）架空网-两联络（H型）：

适用场景：局部新增点负荷供电场景。

主干网架：架空网-两联络（H型），由 4 回线路以架空形式构成的标准接线组；形成 2 联络的 2 回线路馈线最大负载率控制在 75% 以内，单联络的 2 回线路控制在 50% 以内。

开关设备：柱上开关真空断路器、开关设备满足一二次融合要求。

线路选型：主干线路导线截面积选用 240mm²，分支线导线截面积选用 150、95mm²；架空网-两联络（H型）接线模式示意图见图 10-13。

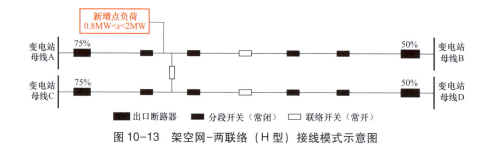

图 10-13 架空网-两联络（H型）接线模式示意图

（7）架空网-两联络（π型）：

适用场景：局部新增点负荷供电场景。

主干网架：架空网-两联络（π型），由 4 回线路以架空形式构成的标准接线组；形成 2 联络的 2 回线路馈线最大负载率控制在 75% 以内，单联络的 2 回线路控制在 50% 以内。

开关设备：柱上开关真空断路器、开关设备满足一二次融合要求。

线路选型：主干线路导线截面积选用 $240mm^2$，分支线导线截面积选用 150、$95mm^2$；架空网-两联络（π型）接线模式示意图见图 10-14。

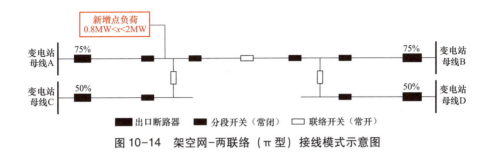

图 10-14　架空网-两联络（π型）接线模式示意图

10.1.4　模块组成与技术规范

1. 模块组技术标准

模块组主要包括接线模式模块组、供电安全标准模块组、一次设备选型模块组、二次设备配置模块组、供电模型模块组、源荷储互动模块组 6 部分。

2. 典型供电模式

提炼典型目标供电模式 14 项，其中 A+、A、B、C、D 类供区分别为 2、4、3、3、2 项，典型目标供电模式明细表见表 10-2。

表 10-2　　　　　　　　典型目标供电模式明细表

供电模式编号	适用供电场景	负荷密度 x（W/m²）	供电可靠率	主要分布区域
A+-1	SY-1（中心商务区）	$x \geqslant 60$	≥99.9995%	福州、厦门、泉州城市核心区
A+-2	SY-2（高档商业区）、JZ-1（城市高档住宅区）	$30 \leqslant x < 60$	≥99.999%	福州、厦门、泉州城市核心区
A-1	SY-3（中档商业区）	$15 \leqslant x < 30$	≥99.994%	各地市市区
A-2	GG-1（公共服务区）、GG-2（行政办公区）、JZ-2（城市中档住宅区）	$15 \leqslant x < 30$	≥99.994%	各地市市区

供电模式编号	适用供电场景	负荷密度 x（W/m²）	供电可靠率	主要分布区域
A-3	GY-1（重型工业区）	$x \geq 80$	$\geq 99.994\%$	国家级经济开发区、国家级高新科技工业园区、省级经济开发园区
A-4	GY-2（高附加产业区）	$10 \leq x < 40$	$\geq 99.994\%$	地市级高新技术产业园区、先进制造区
B-1	SY-4（普通商业区）	$10 \leq x < 15$	$\geq 99.975\%$	各地市县城中心区、经济发达乡镇
B-2	GG-3（休闲娱乐区）、JZ-3（城市普通住宅区）	$6 \leq x < 20$	$\geq 99.975\%$	各地市市区、县城或郊区
B-3	GY-3（轻型工业区）	$20 \leq x < 80$	$\geq 99.975\%$	市级工业园区、县级工业区
C-1	SY-5（零散商业区）	$1 \leq x < 10$	$\geq 99.932\%$	各地市县城城郊、农村区域
C-2	GG-4（风景旅游区）、JZ-4（城郊低密居住区）	$1 \leq x < 10$	$\geq 99.932\%$	各地市县城或郊区、乡镇
C-3	GY-4（乡镇工业区）	$x < 10$	$\geq 99.932\%$	县级工业区、乡镇工业区、乡镇作坊企业集聚区等
D-1	JZ-5（农村集群居住区）	$x < 1$	$\geq 99.863\%$	各地市乡镇、农村区域
D-2	JZ-6（零散自建居住区）	$x < 0.5$	$\geq 99.863\%$	各地市农村区域

10.1.5　应用流程与方法

远景目标网架规划应以饱和负荷需求为依据，以上级电网规划为边界条件，遵循规划技术原则，选择模块化的典型供电模式，制定科学合理的目标电网方案。配电网供电网格目标电网方案构建流程见图10-15。

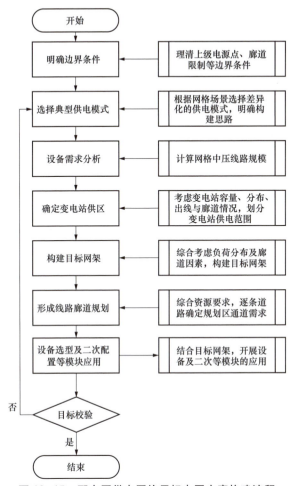

图 10-15 配电网供电网格目标电网方案构建流程

第一步，明确边界条件。根据通道排查情况，在路网图上予以标记。依据上级电网规划，确定电源布点，在路网图上予以标记。

第二步，选择典型供电模式。根据饱和年网格负荷密度及负荷类型构成情况，划分网格供电场景为 4 大类、19 小类，并根据供电场景划分结果，选择对应的典型供电模式，指导网格总体网架的构建。

第三步，设备需求分析。依据中压配电网网供负荷，参照各典型接线方式单条线路的供电能力，计算供电网格的中压线路规模。

第四步，确定变电站供区。以远景饱和负荷为依据，结合上级变电站布局规划结果，计算每座变电站向区内供电的负荷，合理划分变电站供电区域。

第五步，构建目标网架。考虑变电站分布、出线规模与廊道限制，确定主要联络变电站及联络通道。根据网格供电场景，差异化制定供电网格规划目标、规划原则，确定接线模式组网，对出线规划进一步细化，形成初步目标网架。

第六步，形成线路廊道规划。综合所有资源及要求，逐条道路确定规划区通道需求，包括电缆通道和架空廊道，形成通道规划。

第七步，设备选型及二次配置等模块应用。目标网架规划应用了供电模式中的目标网架、供电安全标准和供电模型模块。结合目标网架规划，进一步应用设备选型、二次配置及源荷储互动等模块。根据模块应用情况，形成开关设备布点、配电自动化终端配置、配电通信网规划方案等成果。

第八步，目标校验。基于通道规划、供电模式各标准模块应用情况，对初步目标电网方案进行优化调整（也可能不需要调整），调整后再与各边界条件进行双向校核，形成（最终）目标电网方案。

具体内容如下：

1. 明确边界条件

（1）通道排查及图纸绘制。对现有、在建及规划道路上的通道资源进行摸底排查，明确电力架空线路走廊及不同类型地下通道的走向和规模，并体现通道使用情况，给出通道排查图。

1）与规划局、交通局及各乡镇、街道、园区等道路建设主体单位充分沟通，收集已经建成的电力通道（主要电缆通道）竣工图或初设图，明确电力通道（主要电缆通道）的建设规模及走向；与供电公司运检部、配电工区、供电所等部门进行沟通，明确电力通道的使用情况。

2）与各乡镇、街道、园区等政府及事业单位充分沟通，收集总体规划、控制性详细规划，对现状路网、规划路网进行分析，充分了解道路建设计划，明确在建及规划道路上的可使用的电力通道。

3）架空线路通道应明确电压等级、建设规模（含预留）、架设方式、廊道宽度等，并明确多条平行线路之间或与其他平行设施之间的距离控制要求。

4）电缆通道应明确电压等级、建设规模（含预留）、敷设方式、断面布置、廊道控制宽度、使用情况等，并明确与其他平行设施之间的距离控制要求；有条件时，明确电缆隧道工井等设施的具体布置位置。

（2）负荷预测及图纸绘制。通过规划局、乡镇、街道、园区等政府部门收集区域市政资料（包括总体规划、控制性详细规划），依据空间负荷密度法进行远景年负荷预测，得到每一个地块的负荷，并绘制负荷空间分布图。计算过程如下。

1）计算各类用地建筑面积（含各地块）。

2）确定各类用地单位建筑面积（占地面积）用电指标。

3）确定各类用地需用系数。

4）计算各类用地用电负荷及区域总负荷，绘制远景年负荷分布图，区域远景负荷分布图见图 10-16。

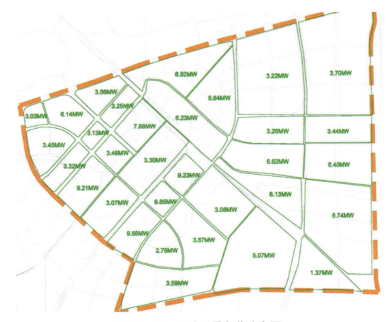

图 10-16 区域远景负荷分布图

（3）变电站规划布点。引用电力布局规划中变电站布点成果，同时结合远景负荷预测，对变电站布点位置及容量进行校验。对于负荷发展与变电站规划不匹配的区域可提出变电站布点优化建议，论证可行后，以优化后的变电站布点作为上级电源点边界条件。

1）收集电力布局规划相关资料，确定区内远景电源布点。

2）根据负荷预测的总量结果，对电力布局规划中的变电站规划布点进行校验。

区域变电站规划布点图如图 10-17 所示。

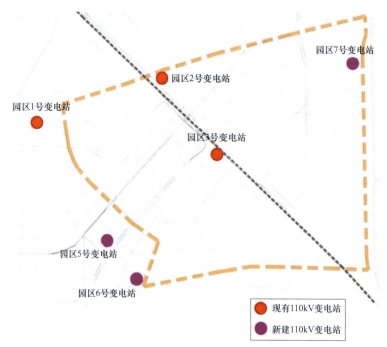

图 10-17　区域变电站规划布点图

2. 选择典型供电模式

该网格位于高新技术产业园区，负荷密度为 28MW/km²，70% 负荷为工业负荷，确定了该网格为高附加值产业区网格，选择供电模式为 GY-2，由此明确此网格网架结构、供电安全标准、设备选型、二次配置、供电模型及源荷储互动等各方面的模块化要求。典型工业园区供电模式选择见表 10-3。

3. 设备需求分析

开展网格中压网供负荷计算，依据中压配电网网供负荷，参照各典型接线方式单条线路的供电能力，计算供电网格的中压线路规模。

（1）10kV 网格负荷计算。供电网格 10kV 网供负荷计算公式如下：

$$P_{wg} = P_m - P_{zl} - P_{fd}$$

式中：P_{wg} 为目标年网供负荷；P_m 为 10kV 总负荷，是指配电网供电网格总负荷扣除 35kV 及以上电压等级直供负荷后剩余的负荷；P_{zl} 为 10kV 专线用户负荷；P_{fd} 为接入公用电网的 0.38kV 及以下电源供电负荷。

表 10-3　　　　　　　　　　　　典型工业园区供电模式选择

所属分类	指标名称	指标目标
综合指标	供电模式名称	GY-2
	网格类别	高附加产业区
	用户构成	工业类用户（地块用地性质为 M 类）饱和负荷占网格总负荷比例在 60%以上
	负荷密度 x（W/m^2）	$10 \leqslant x < 40$
	供电可靠率	$\geqslant 99.99\%$
	典型分布区域	地市级高新技术产业园区、先进制造区
网架结构	高中压配网协调	强-强
	电压序列（kV）	110/10/0.38
	110（35）kV 目标网架	双链、单链、双辐射
	10kV 目标网架	单环式（为主）、双环式、多分段单联络、多分段两联络
供电安全标准	节点控制标准	配电变压器容量小于 3500kVA、中压户数小于等于 10 户、低压户数小于等于 900 户、分支层级小于等于 3 级
	合理分段数（段）	3~5
	10kV 供电安全水平要求	15min 内恢复非故障段供电，停电范围满足节点控制标准要求
主要设备选型	变电站主变压器容量（MVA）	63、50
	中压线路建设形式	电缆
	主干导线截面积（mm^2）	300（电缆）、240（架空）
	廊道建设形式	综合管廊、排管
	开关设备	环网室、开关站
二次配置	馈线自动化方案	集中式馈线自动化
	自动化终端配置	重要分段、大分支及联络开关三遥
	保护配置	级差保护

续表

所属分类	指标名称	指标目标
二次配置	配电通信模式	光纤
	低压智能台区	标准型
	智能配电站房	智能型
供电模型	网格变电站座数（座）	2~4
	典型供电模型	链式、三角形、矩形
源网荷储互动	储能配置	电网侧、用户侧、电源侧
	聚合互动模式	平滑负荷曲线、峰谷电价套利，分布式电源、多元负荷即插即用

配电网供电网格 10kV 分年度网供负荷预测结果样例表见表 10-4。

表 10-4　　配电网供电网格 10kV 分年度网供负荷预测结果样例表　单位：MW

配电网供电网格	项目	××年	××年	××年	××年	××年
××网格	10kV 总负荷					
	10kV 专线用户负荷					
	接入公用电网的 0.38kV 及以下电源供电负荷					
	10kV 网供负荷					

（2）供电网格设备规模计算方法。

1）确定馈线条数。根据供电网格网供负荷及每条线路所带负荷来确定各单元馈线条数。目标年馈线条数计算公式如下：

$$l = \frac{P_{wg}}{P_{lav}}$$

式中：l 为目标年馈线条数；P_{lav} 为目标年单条线路供电能力；P_{wg} 为目标年网供负荷。

不同网架结构 10kV 线路供电能力表如表 10-5 所示。

$$\Delta l = l - l_0$$

式中：Δl 为新增馈线条数；l 为目标年的馈线条数；l_0 为现状年馈线条数。

10kV 线路电力平衡分析样例表见表 10-6。

表 10-5 不同网架结构 10kV 线路供电能力表

典型接线方式	导线型号	线路极限输送能力（MW）	考虑 N-1 输送能力（MW）
多分段单联络式	JKLYJ-240	8.22	5.43
多分段两联络	JKLYJ-240	8.22	5.43
单环式	YJV22-300	8.8	4.4
单环式	YJV22-400	10.12	5.06
双环式	YJV22-300	8.8	4.4
双环式	YJV22-400	10.12	5.06

表 10-6 10kV 线路电力平衡分析样例表

供电网格	项目	××年	××年	××年	××年	××年
××网格	10kV 网供负荷（MW）					
	目标年的馈线条数（条）					
	现状年馈线条数（条）					
	需新增馈线条数（条）					

当新增馈线条数大于 1 时，说明网格整体供电能力不足。首先新建中压线路，提高网格整体供电能力；再进行内部调整，均衡中压线路的负载率，解决供电能力不足的问题。

当新增馈线条数小于 0 时，说明网格整体供电能力充裕，无须新建中压线路，仅在网格内部进行调整，均衡中压线路负载率，解决供电能力不足的问题即可。

2）确定配电网供电网格配电变压器容量。近期供电网格配电变压器需求总容量计算公式如下：

$$S_p = \frac{P_m}{(\cos\varphi \cdot k_{fz})}$$

式中：S_p 为配电变压器需求总容量；P_m 为 10kV 总负荷；$\cos\varphi$ 为功率因数；k_{fz} 为供电网格配电变压器最大负载率平均值，根据配电网发展水平综合评价导则，10kV 配电变压器最大负载率平均值为 40%~60%。

新增配电变压器容量计算公式如下：

$$\Delta S = S_{\mathrm{p}} - S_0$$

式中：ΔS 为新增配电变压器容量；S_0 为现状年配电变压器容量。

4. 变电站出线规划

设备需求分析及变电站出线规划是对变电站容量及间隔资源合理分配而进行的统一规划。一般做到如下要求：

（1）根据区域（地块）内的 10kV 网供负荷分布情况，按照不同导线截面下的单条 10kV 线路的供电能力，计算 10kV 线路规模。

（2）在负荷分布、10kV 线路规模的基础上，结合变电站规划布点，考虑 10kV 线路的最优供电半径，对变电站的容量及间隔进行统筹分配，明确变电站的供电范围、出线规模、大致出线方向。

（3）根据变电站的大致出线方向，对变电站的出线规模进行优化组合，构建变电站之间的联络，明确站间联络数量。

结合网格变电站数量及分布，参考典型供电模型，采用链式和三角形作为总体网架构建参考。三角形供电模型见图 10-18。链式供电模型见图 10-19。区域变电站出线规划图见图 10-20。

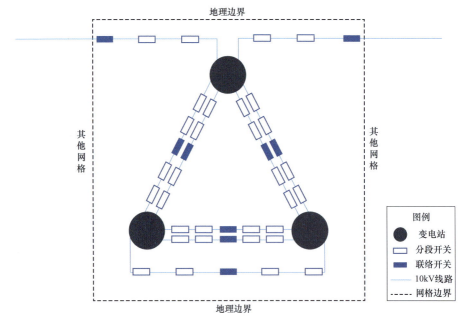

图 10-18 三角形供电模型

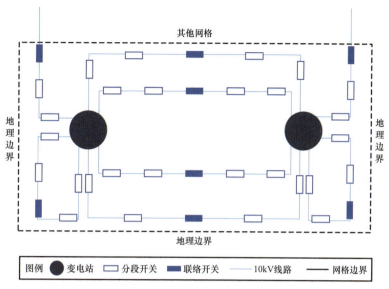

图 10-19　链式供电模型

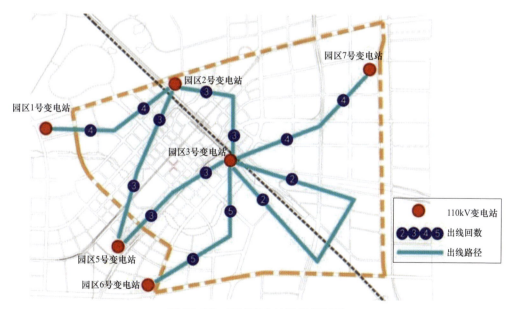

图 10-20　区域变电站出线规划图

5. 目标网架规划

目标网架的构建在考虑通道规划、初步目标网架、负荷分布的同时，也要注意与通道规划的相互校验和调整。具体如下：

（1）结合已经确定的通道规划，并选定该区域的接线方式，对初步目标网架进行调整和优化。

（2）根据已经确定的通道规划，明确10kV供电线路具体走向，并对标准接线组进行校验和优化，明确标准接线组的供电范围。

（3）根据就近供电原则，确定标准接线组的上级电源，并进行固化。

（4）根据以上3项进行目标网架构建，并对通道规划做出校验和调整，区域目标网架如图10-21所示。

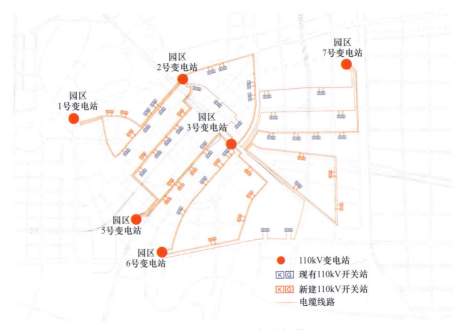

图10-21　区域目标网架图

6. 线路廊道规划

通道规划是对现有通道进行充分摸底排查，充分利用现有通道资源和远期可行的通道资源，结合变电站布点及出线规划需求，形成既具有可实施性又具有远景适应性（前瞻性）的通道规划。

开展供电网格通道规划，主要是构建和优化整个规划区的变电站之间的联络结构，合理划分变电站的供电范围，并用于协调通道资源，规避建设风险；同时在供电网格规划建设过程中，能更好地协调变电站、线路、通道资源，有利于供电网格目标网架的制定。供电网格通道规划因素分布如图10-22所示。

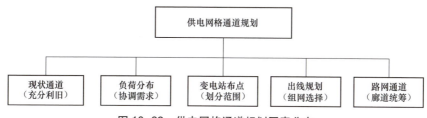

图 10-22　供电网格通道规划因素分布

对于现状走廊通道建设情况较为成熟的区域，通道规划和变电站出线规划应以利用现有通道为主。

根据供电网格及区域远景年的负荷分布及建设需求，通道规划及出线规划应以有利于深入负荷中心的主通道进行规划建设。

根据供电网格远景负荷预测结果，进行中压电力平衡，确定中压线路规模；同时结合供电网格的供电区域划分及供电场景，选取相对应的典型供电模式。

依据供电网格供电区域划分，考虑相应的供电半径，结合变电站的布点，合理划分变电站供电区域范围，变电站布点将作为通道及出线规划的边界条件。

对于新增通道，应充分考虑市政道路建设、新建变电站出线等，以及进行可行性论证。

供电网格通道及出线规划示例图如图 10-23 所示。

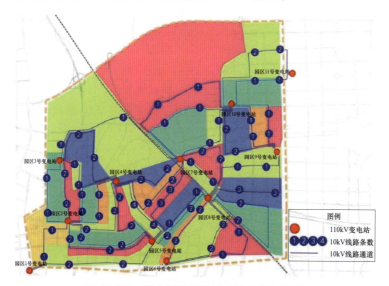

图 10-23　供电网格通道及出线规划示例图

7. 设备选型及二次配置等模块应用

目标网架规划要进一步应用于设备选型、二次配置及源荷储互动等模块。根据模块应用情况，形成开关设备布点、配电自动化终端配置、配电通信网规划方案等成果。

（1）设备选型模块组。涵盖变电站主变压器容量、中压线路建设形式、主干导线截面、廊道建设形式、开关设备5个子模块。应根据本网格供电场景划分结果差异化应用，形成开关设备布点方案等相关成果。

（2）二次配置模块组。涵盖馈线自动化方案、自动化终端配置、保护配置、配电通信模式、低压智能台区、智能配电站房6个子模块。应根据本网格供电场景划分结果差异化应用，形成配电自动化终端配置、配电通信网拓扑方案等成果。

标准自动化馈线按照馈线自动化布点，配置一二次融合成套设备或保护测控一体化装置，采用"远程配置定值+就地级差保护+主站集中定位"自动化应用模式，支撑配网短路、单相接地、缺相、过负荷等故障"全研判、全遥控"智能处置。

一二次融合成套设备或保护测控一体化装置宜自带可插拔远程通信模块（可适配光纤、电力无线专网、无虚拟专网或公专一体化等通信模块）。

新建线路按照一二次设备（含光纤通信）"同步规划、同步设计、同步建设、同步验收、同步投运"原则，采用一二次融合成套设备或保护测控一体化装置，建成标准自动化馈线。

（3）源荷储互动模块组。涵盖储能配置、聚合互动模式2个子模块。应根据本网格供电场景划分结果差异化应用，形成分布式电源接入、储能配置方案（若有）等成果。

8. 目标电网方案校验

按照满足需求、供电可靠、独立供电、符合标准、管理清晰等校验原则，对目标网架及廊道进行校验。具体如下：

（1）是否留有一定的供电裕度，供电能力是否与负荷需求相匹配，能否满足该单元的负荷增长需求。

（2）是否满足供电可靠要求，以及双电源是否符合可靠性校验的要求。

（3）是否满足独立供电的要求，是否由若干标准接线独立供电，是否具备用户及分布式电源在网格内接入的条件。

（4）设备选型、接线方式等典型配置，应符合相关标准要求，并与自身发展及定位相匹配。

（5）是否满足供电模式中网架结构模块组、供电安全标准模块组、设备选型模块组、二次配置模块组、供电模型模块组、源荷储互动模块组内各项指标配置要求。

（6）是否符合管理清晰的要求，供电线路及设备、建设项目、用户接入、运行维护、调度营销等是否有不同的管理网格。

（7）在校验过程中，若不满足校验原则的任何一项要求，则需要对目标网架进行优化调整，以满足最终要求，绘制最终目标网架及配套供电单元划分图。目标网架及供电单元划分示意图见图 10-24。

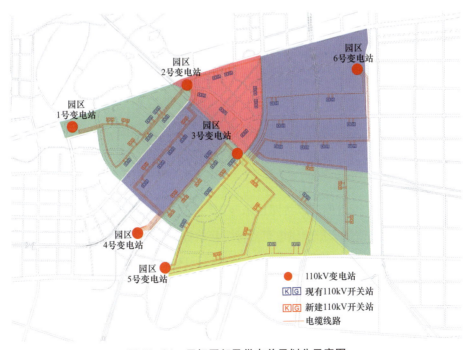

图 10-24　目标网架及供电单元划分示意图

10.2 近中期网架规划

以远景年网架为目标，以现状网络为基础，根据中间年负荷预测的结果进行中间年的网络规划，重点解决现状网络存在的问题，在目标网架规划结果的指导下，依据土地开发及用户用电时序，通过合理布局主干、有效开展用户接入、差异化进行网架构建，最终形成结构清晰、运行灵活的目标网架结构。

10.2.1 过渡方案制定策略

依据供电网格的发展建设情况，可将供电网格分为规划建成区、规划建设区、自然发展区，因此配电网建设也有所不同，同时考虑 A+～D 供电区域的分类，供电网格的接线方式在远近衔接过程中也会有所区别。综合考虑，将供电网格典型网架建设模式及过渡方案分为以下不同的场景，具体如下：

1. 自然发展区过渡模式

（1）自然发展区配电网结构特点。当供电区为新建区域，电网结构一般存在以下特点：

1）现状配电网规模较少或者基本空白。

2）电源点不足，现状网架以站内自环网为主。

3）区外电源点跨区远距离供电。

因此，10kV 配电网可以按照目标网架一次性成型原则构建网架，避免建设过程中的网架改造，影响供电可靠性、经济性。

（2）自然发展区网架过渡模式。自然发展区配电网建设可按照目标网架一次性成型原则构建网架。

1）A+类供电区域网架过渡模式。按照目标网架，一次性建成高可靠性、高标准的双环网结构。电网过渡期间，对于没有条件环入主干网的环网单元，可以接入系统环网单元，不宜从电缆环网的节点上再派生出小环网的结构形式。

在电源点缺少的情况下，可先按照单环网、双射（对射）网结构布局，满足负荷初期的接入，后期随负荷增长后逐步增加供电电源，将单环网、双射（对射）网逐步过渡至双环网结构，单环网-双环网过渡示意、双射网-双环网过渡示意如图 10-25、图 10-26 所示。

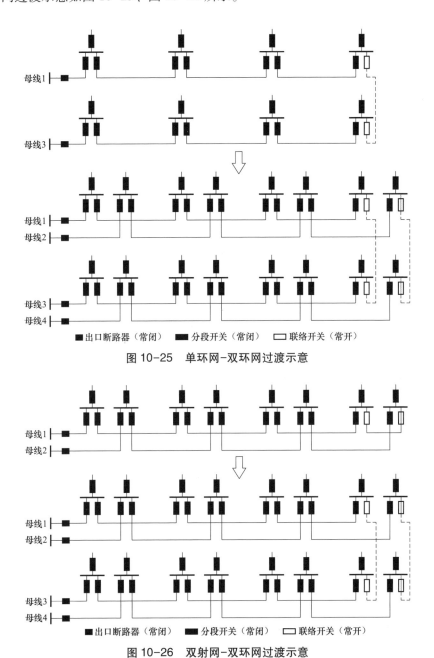

图 10-25　单环网-双环网过渡示意

图 10-26　双射网-双环网过渡示意

2）A 类供电区域网架过渡模式。按照目标网架，一次性建成双环网或单环网结构。在缺少电源点的情况下，可先按照自环网、双射网结构布局，满足负荷初期的接入。后期随负荷增长后逐步增加供电电源，将自环网、双射网逐步过渡至单环网、双环网结构。

3）B 类供电区域网架过渡模式。电缆网建设区域按照单环网接线方式建设，主要为居民、商业用户供电。按照"先有网后有负荷"的思路，在负荷增长热点区域建设环网单元，构建单环网结构。

先按照架空线路单联络接线组网，主要为工业用户供电。线路的最大负载率不超过 50%。待线路负荷率超过 50%，可将两回单联络线路组成一个网络单元，形成多分段适度联络接线。

4）C 类供电区域网架过渡模式。按照目标网架，一次性建成架空多分段适度联络结构，条件允许的情况建成电缆单环网结构。

过渡时期，可先按照架空线路单联络接线建设，线路的最大负载率不超过 50%。待线路负荷率超过 50%，可将两组单联络线路组成一个网络单元，形成多分段适度联络接线。

5）D 类供电区域网架过渡模式。按照目标网架要求进行构建。

2. 规划建设区过渡模式

（1）规划建设区配电网结构特点。规划建设区发展规划明确，远景负荷明确，区域内负荷发展速度较快，是近期主要的负荷增长点。当供电区为规划建设区域，电网结构存在以下特点：

1）现状配电网初具规模，但仍处于成长期。

2）存在架空电缆混供现象。

3）网架结构薄弱，单辐射式供电情况突出。

因此，规划建设区内整体配电网可以按照"新建区一次性成型、建成区稳步改造"原则构建网架。

（2）规划建设区网架过渡模式。规划建设区配电网建设可按照"新建区一次性成型、建成区稳步改造"原则构建网架。不同供电区域类型过渡模式如下：

1）A+类供电区域网架过渡模式。新建区按照目标网架，一次性建成高可靠性、高标准的双环网结构。建成区通过新建环网单元，将现状电网单环网结构调整至双环网。

2）A类供电区域网架过渡模式。新建区域按照双环网或单环网接线方式建设。按照"先有网后有负荷"的思路，先期在负荷增长点区域构建双环网或单环网结构。

建成区由于发展相对成熟，网架过渡方案将进行重新调整，通过新建环网单元，将现状单辐射、双辐射接线调整至双环网或单环网结构。

3）B类供电区域网架过渡模式。电缆网按照单环网接线方式建设，主要为居民、商业用户供电。按照"先有网后有负荷"的思路，先期在负荷增长点区域构建单环网结构，布点环网单元。

单环网尚未形成时，可与现有架空线路暂时手拉手，配合区域市政规划，将架空线路改造成电缆线路，并调整为单环网结构。

建设单联络架空线路，主要为工业用户供电。线路的最大负载率不超过50%。

4）C类供电区域网架过渡模式。新建区域架空网先期按照架空线路多分段单联络接线建设，线路的最大负载率不超过50%，随着负荷发展，并逐步调整至架空多分段适度联络。

建成区以架空线为主，按10kV线路负载率不超过50%的原则优化网架结构，最终形成多分段单联络、多分段适度联络标准网架。

5）D类供电区域网架过渡模式。对可靠性有一定要求的区域，应解开现状架空线路分支线之间的无效联络，按照主干线"首尾相接"的原则构建单联络网架。

3. 规划建成区过渡模式

（1）规划建成区配电网结构特点。规划建成区已经建成，并发展成熟，土地利用基本处于饱和状态，负荷发展相对较慢，电网已经发展成熟。当供电区为成熟发展区域时，电网结构存在以下特点：

1）现状配电网已基本成型。

2）10kV架空网多为多分段多联络结构，但线路联络较为复杂。

3）区域内架空电缆混合线路较多。

4）10kV 电缆网架结构联络复杂，线路之间联络无标准。

（2）规划建成区网架过渡模式。规划建成区整体配电网规划应立足于现有网架，在保证现状结构不发生重大变化的基础上，通过网络拓展、用户接入工程及变电站配套送出等工程不断微调，逐步清晰、明确和优化网架结构。具体如下：

1）A+类供电区域网架过渡模式：

现状复杂接线应逐步简化配电网线路联络方式和层级结构。单环网接线结合变电站新出线工程和用户接入工程逐步形成双环网，不同双环网之间的交叉联络逐步予以解开。

现有的多分段多联络架空线路，应结合区域市政规划逐步改造为电缆，调整为双环网结构；现有架空电缆混合线路需结合区内架空线路缆化项目进行网架的再优化，调整为双环网结构。双环网交叉联络解环示意如图 10-27 所示。

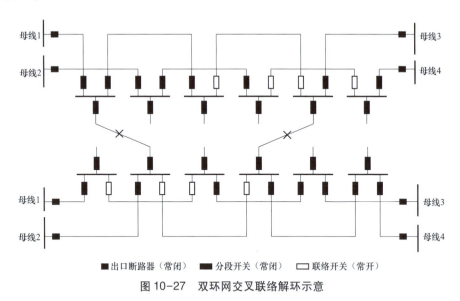

图 10-27　双环网交叉联络解环示意

2）A类供电区域网架过渡模式：

以目标网架为引导，优先对占用电力资源过剩的地块进行网络优化，梳理多余的电力资源。调整资源过剩地块电力资源与资源匮乏的地块线路联络构成单环网或双环网。

对于复杂的电缆网络结构，过渡初期将主要环网单元调整形成主联络环网点，其他环网单元作为次要联络环网点暂时不做调整。后期随着区域内各目标环逐步成型，对次要联络环网点逐步进行解环，以形成标准单环网或双环网。

充分利用现有的配电网资源、廊道，尽可能少改动线路路径。在地理条件受限的情况下，后续新建环网单元可作为终端接入主干环网单元，可不环入主干网。

现有的多分段多联络架空线路，应结合区域市政规划逐步改造为电缆线路，调整为单环网结构。区域内架空电缆混合线路需结合区内架空线路缆化项目进行网架的再优化，调整为单环网或双环网结构。复杂电缆网解环示意如图 10-28 所示。

3）B 类供电区域网架过渡模式：

对单辐射线路之间建立联络或者采用新建馈线与单辐射线路联络的方式解决线路单辐射问题，将现状单辐射线路改造成单环网或者单联络，原有单辐射线路之间建立联络示意、新建线路与原有单辐射线路建立联络示意如图 10-29、图 10-30 所示。

根据分支线的负荷大小，按照由大到小的顺序逐段进行切改，使得单环网或者多分段适度联络结构能够满足供电安全标准评估，重（过）载线路负荷切改示意如图 10-31 所示。

以电缆网为主，按 10kV 线路正常运行方式下负载率不超过 50％的原则优化网架结构，最终形成单环网标准网架。

4）C 类供电区域网架过渡模式：

建设联络线工程对单辐射线路建立联络，将现状单辐射线路调整至单联络。

根据分支线的负荷大小，按照由大到小的顺序逐段切改，使得多分段适度联络结构能够满足供电安全标准评估的要求。

以架空线为主，按 10kV 线路正常运行最大负荷电流控制在其安全电流 50％以内的原则予以简化，最终形成多分段单联络、多分段适度联络标准网架。

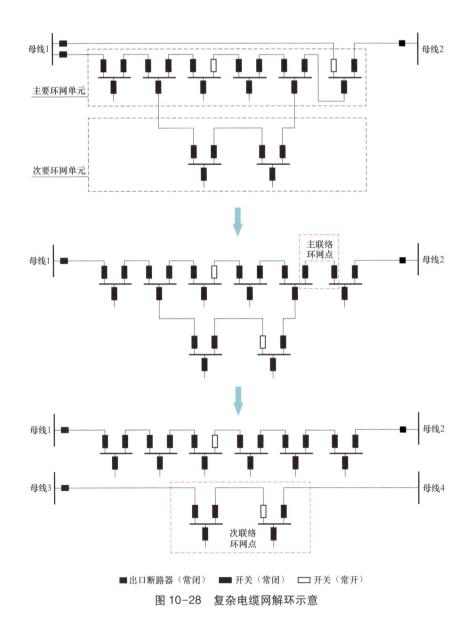

图 10-28 复杂电缆网解环示意

5) D 类供电区域网架过渡模式：

解开现状架空线路分支线之间的无效联络，按照主干线"首尾相接"原则构建单联络网架。

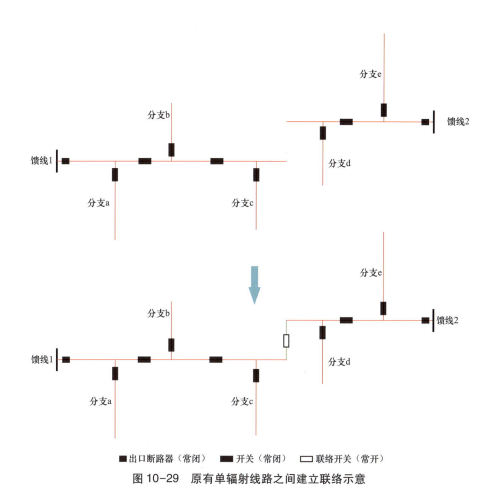

■出口断路器（常闭）　■开关（常闭）　□联络开关（常开）

图 10-29　原有单辐射线路之间建立联络示意

10.2.2　复杂联络优化策略

利用单元、网格的划分规范标准接线，以"接线组"的形式在单元内部开展结构优化，从而提升规划建成区目标网架规划的可实施性。

1. 复杂联络优化原则

复杂联络优化是对主干接线的辨识、强化与规范的一个过程，因此需要对配电网主干层进一步予以明确，结合中压配电网实际情况，认定主干层由主干线路、主环节点［开关站、环网室（箱）］、开关设备等构成，其中主环节点应具备以下几方面的特征：

（1）承担将负荷从上级向下级分配的任务。

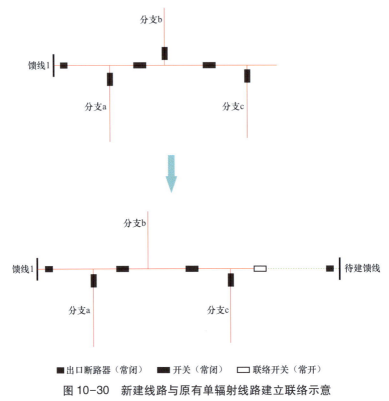

■出口断路器（常闭）　■开关（常闭）　□联络开关（常开）

图 10-30　新建线路与原有单辐射线路建立联络示意

（2）承担主干网络构建、拓展与完善功能。

（3）承担将用电层故障隔离在本节点范围内，避免故障延续至主干层或电源控制故障影响范围。

复杂联络优化的关键是对现有网架进行的切割，即开展合理的线路分析，结合电网实际情况提出以联络组合为单位进行线路分组，联络组合具有以下几方面特征：

（1）一个联络组合规模包含 2~4 条 10kV 线路，拥有至少两个不同的上级电源，组合内线路间有较强的关联性，可以为下级用户提供双路电源。联络组合随着网架结构的变化不断调整。

（2）对于规划水平年的联络组合，除具有上述特征外，主要用于网架结构优化工作的开展，组合内包含非标接线和复杂联络，联络组合间可能存有部分分支联络或冗余联络，不同联络组合供区有交叉情况存在。

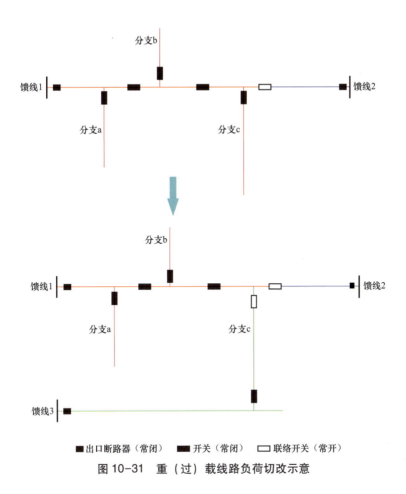

图 10-31 重（过）载线路负荷切改示意

（3）目标网架联络组合是过渡阶段联络组合经过优化与标准化后的结果，其内部由标准接线构成，组合内联络关系清晰有序，组合间无冗余和分支联络，供电范围清晰、无交叉。

2. 复杂联络优化流程

（1）主环节点辨识：馈出线装接容量大于 3MVA 的开关站、环网室（箱）可作为主环节点。下级馈出线中为重要用户供电的开关站、环网室（箱），如装接容量未超过 3MVA 也可认定为主环节点。主环节点建设过程中对节点性质一并予以定位，明确今后网架优化与改造过程中该节点作为环网室或开关站存在。

（2）主干线路辨识：以主环节点为基础辨识主干线路路径，辨识中考虑线路联络方向、供电区域分布等因素，明确现状配电网主干线路走向及线路基本供电区域，避免大容量节点在网架优化初期被排除出主干线路路径。

（3）联络组别辨识：在主干线路辨识基础上，按照相互联络线路紧密程度、双电源用户接入关联程度，以"至少拥有两座电源点""最多不超过8条线路""组合内线路间有较强的关联性""可以为下级用户提供双路电源"为标准进行联络组别辨识与划分。

（4）联络关系辨识：在联络组合内部，根据相关划分结果确定主干联络、环间分支联络、组间分支联络，并提出下一步建设改造防线，其中主干联络根据区域电网实际情况进行主干强化、标准化建设；对于环间分支联络的改造遵循保持适度联络、合理优化原则；对于组间分支联络，以优化解环为主。

（5）联络组合内网架优化：根据联络组合划分结果，结合配电网运行情况判断供电能力是否可以被满足，以标准接线为标准分析优化改造的实际需求，以标准接线为目标强化主干线路、优化区域配电网。对于环间分支和环间联络的改造，如果可以优化至主干的环网站点，优先考虑环入主环，对于无法实施的暂时考虑保留，优化过程中单条线路联络点不宜超过3个。对于联络组合内部的新接入用户，优先考虑就近接入主环节点（节点控制容量未超标的情况下），若户接入后无法满足主环节节点控制标准，则应新建主环节点，按照标准接线方式环入主环，即增量电网严格按照标准接入。

（6）组间结构优化：对于联络组合间分支联络，需要考虑是否可以开断为敷设方式，若开关后形成的辐射分支线路容量不足2MVA，且无多电源用户接入时，则优先考虑解开分支联络；对于开断后分支线路仍大于2MVA的线路，优先考虑开断后继续环入主环，若无法环入则暂时保留，目标网架建设完成时予以拆除。

（7）多电源用户接入：对于多电源用户，新增多电源用户通过两个环网接受电能时，需要按照接线组划分标准执行，对于已经建成的双电源用户暂时予以保留。

10.3 极端场景方案安全性校验

10.3.1 网格内关键负荷节点分类方法

根据《供配电系统设计规范》，通过配电网负荷的重要度分析及不同等级负荷对供电可靠性的要求不同，把各节点负荷进行分级，划分为一级、二级、三级负荷。其中一级负荷要求配电网在任何情况下都要保证其连续供电；二级负荷要求尽可能地保证配电网对其连续供电；三级负荷则对保证其连续供电没有特殊的要求。根据节点负荷的不同分级，对配电网的规划也有所不同。因此在评估配电网韧性时有必要对不同等级负荷的表现单独考虑。

一级负荷要求配电网在任何情况下都要保证其连续供电，常常用于以下场所：①中断供电会带来人身伤亡事件的发生；②中断供电会带来政治经济上的重大损失；③中断供电会给有重大政治、经济意义的用电单位正常工作带来影响。

在配电网规划中，针对一级负荷的供电问题已经有了比较完善的方案，例如采用双电源或者专线方式供电等。

二级负荷要求尽可能地保证配电网对其连续供电，常常用于以下场所：①中断供电会对政治、经济产生较大。②中断供电会给重要用电单位正常工作带来影响。目前对二级负荷采用的供电方案主要包括采取双回路供电方式及双变压器供电方式。由于二级负荷也是较为重要的负荷，也可以采用分布式电源并网的供电方式来保证其连续供电。配电网发生故障时，分布式电源可以在自身容量限制内及时给二级负荷部分甚至全部供电。

三级负荷则对保证其连续供电没有特殊的要求。三级负荷指一级、二级负荷以外的一般负荷。针对这类负荷可以把分布式电源当作随机电源对其进行供电，充分发挥分布式电源的优势，达到经济、社会、环境的最大化效益。

特别需要明确的是负荷的分级是相对的。对负荷进行分级需要紧密考虑当地电力供应情况，同时考虑经济、政治上的影响。

10.3.2 网格故障场景生成

首先，输入风速、降雨量、降雪量等极端天气因素，与元件故障率进行相关性分析，确定影响元件故障率的最相关天气因素；其次，通过拟合方法，形成元件故障率与最相关影响因素的脆弱性曲线，从而建立配电网元件与极端天气强度的相关性模型；再次，基于配电网元件与极端天气强度的相关性模型，利用马尔可夫链建立极端天气下元件故障状态与正常运行状态的转换模型；然后，采用序贯蒙特卡罗法模拟极端天气下严重元件故障的持续时间和修复时间，生成不同元件的时序的状态转移过程；最后，对系统中所有元件的状态转移过程进行组合，得到整个系统的状态转移过程，生成配电网的严重故障场景。网格故障场景流程图如图 10-32 所示。

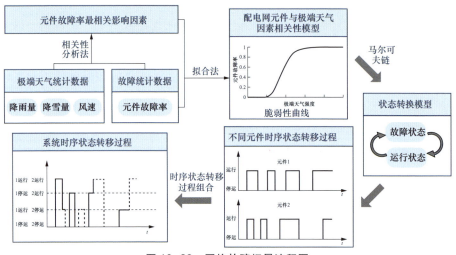

图 10-32　网格故障场景流程图

网格故障场景模拟流程如下：

（1）历史数据获取。以暴雪灾害为例，联合天气预报部门等机构，统计极端事件发生时线路故障率与降水量、风速、降雪量等因素之间的关联关系，形成如表 10-7 所示的故障率-天气因素强度数据表。

（2）相关性分析。基于表 10-7 中的数据，对某具体类型气候灾害下线路故障率与各类型天气的强度进行相关性分析，得到相关性因素，确定该气候灾害类型下，最影响故障率的天气因素。

表 10-7 故障率-天气因素强度数据表

线路故障率等级		线路故障率、强度等级（等级越高故障率、强度越高）				
		1 级	2 级	3 级	4 级	5 级
天气强度等级（等级越高恶劣天气强度越高）	天气因素 1	X_1 级	X_2 级	X_3 级	X_4 级	X_5 级
	天气因素 2	Y_1 级	Y_2 级	Y_3 级	Y_4 级	Y_5 级
	天气因素 3	Z_1 级	Z_2 级	Z_3 级	Z_4 级	Z_5 级

（3）脆弱性曲线拟合。根据线路故障率与最相关天气因素数据，进行曲线拟合，得到近似的故障率-天气因素强度曲线。

（4）故障率预测。当预测到极端天气灾害即将发生时，基于天气灾害类型、每条线路的故障率-天气因素强度曲线，预测每条线路在此次极端事件发生时的故障率。

（5）模拟故障场景。首先，随机生成每条线路的初始故障状态（1 代表故障，0 代表正常运行），建立单元件故障状态转移曲线。其次，将配电网所有线路的故障状态转移曲线进行组合，形成系统故障状态转移曲线。最后，对系统故障状态转移曲线进行随机抽样，基于抽样结果得出故障场景。

10.3.3 面向关键负荷的韧性评估方法

（1）脆弱性曲线。脆弱性曲线用于表示元件故障率与极端天气强度间的关系。脆弱性曲线如图 10-33 所示。

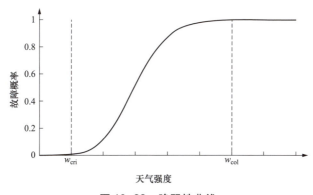

图 10-33 脆弱性曲线

通过脆弱性曲线可以得到极端天气强度与元件故障率间的对应关系。对于不同的元件或极端天气，脆弱性曲线的形状是不同的，但可用以下通用的公式表示：

$$\lambda(w) = \begin{cases} 0, & \text{if} \quad w < w_{\text{cri}} \\ \lambda(w), & \text{if} \quad w_{\text{cri}} \leqslant w < w_{\text{col}} \\ 1, & \text{if} \quad w \geqslant w_{\text{col}} \end{cases}$$

式中：$\lambda(w)$ 为元件故障率；w 为极端天气强度；w_{cri} 和 w_{col} 为元件对应的临界恶劣天气、极端恶劣天气强度。当极端天气强度小于 w_{cri} 时，元件必定正常；当极端天气强度大于 w_{col} 时，元件必定故障。

（2）韧性曲线。配电系统经历故障前后的韧性曲线见图 10-34。

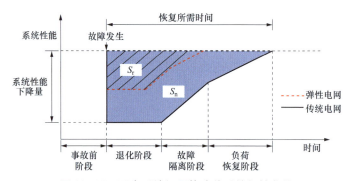

图 10-34　配电系统经历故障前后的韧性曲线

根据故障发生前后各个阶段的特点，可分为事故前阶段、退化阶段、故障隔离阶段、负荷恢复阶段。其中，退化阶段是指故障发生后，还未来得及隔离故障时，系统所经历的阶段，在此阶段系统的性能最低。图中的深色面积 S_{n}，既表示了配电系统受极端天气的影响程度，又表示了配电系统在经历极端天气后的韧性水平。通过采取韧性提升措施，可以有效加快系统性能的恢复，缩短系统性能恢复所需时间，使最终的系统性能曲线如图中虚线所示，深色部分面积 S_{n} 也将缩小为 S_{r}，表明系统的韧性水平得到了提升。

11 低压配电网规划

11.1 低压典型供电模式

11.1.1 基本要求

面向源、网、荷多组合场景，适应性选用、组合基本模块组，累计形成 16 种适应不同区域发展的低压配电网典型供电模式构建方案，如图 11-1 所示。

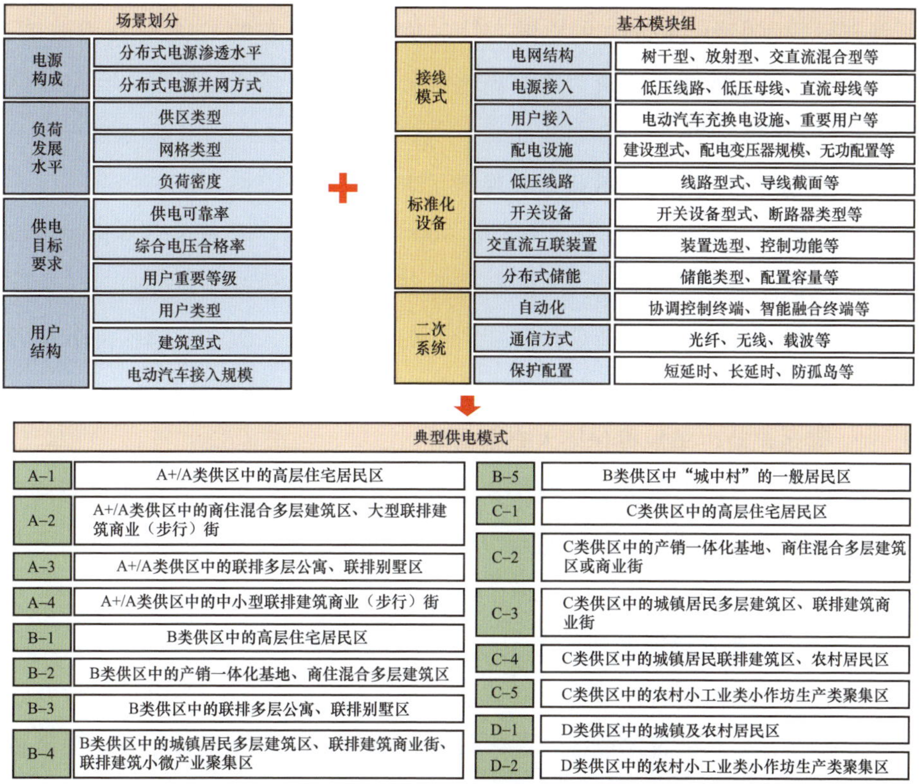

场景划分		
电源构成	分布式电源渗透水平	
	分布式电源并网方式	
负荷发展水平	供区类型	
	网格类型	
	负荷密度	
供电目标要求	供电可靠率	
	综合电压合格率	
	用户重要等级	
用户结构	用户类型	
	建筑型式	
	电动汽车接入规模	

基本模块组		
接线模式	电网结构	树干型、放射型、交直流混合型等
	电源接入	低压线路、低压母线、直流母线等
	用户接入	电动汽车充换电设施、重要用户等
标准化设备	配电设施	建设型式、配电变压器规模、无功配置等
	低压线路	线路型式、导线截面等
	开关设备	开关设备型式、断路器类型等
	交直流互联装置	装置选型、控制功能等
	分布式储能	储能类型、配置容量等
二次系统	自动化	协调控制终端、智能融合终端等
	通信方式	光纤、无线、载波等
	保护配置	短延时、长延时、防孤岛等

典型供电模式	
A-1	A+/A类供区中的高层住宅居民区
A-2	A+/A类供区中的商住混合多层建筑区、大型联排建筑商业（步行）街
A-3	A+/A类供区中的联排多层公寓、联排别墅区
A-4	A+/A类供区中的中小型联排建筑商业（步行）街
B-1	B类供区中的高层住宅居民区
B-2	B类供区中的产销一体化基地、商住混合多层建筑区
B-3	B类供区中的联排多层公寓、联排别墅区
B-4	B类供区中的城镇居民多层建筑区、联排建筑商业街、联排建筑小微产业聚集区
B-5	B类供区中"城中村"的一般居民区
C-1	C类供区中的高层住宅居民区
C-2	C类供区中的产销一体化基地、商住混合多层建筑区或商业街
C-3	C类供区中的城镇居民多层建筑区、联排建筑商业街
C-4	C类供区中的城镇居民联排建筑区、农村居民区
C-5	C类供区中的农村小工业类小作坊生产类聚集区
D-1	D类供区中的城镇及农村居民区
D-2	D类供区中的农村小工业类小作坊生产类聚集区

图 11-1 低压配电网典型供电模式构建方案

1. 场景化确定接线模式

在 A+、A 类供区中，高层住宅推荐采用放射Ⅰ型接线，多层住宅及联排建筑推荐采用放射Ⅱ型接线；B、C 类供区灵活采用电缆或架空接线，城中村及城镇非聚集性多层住宅可考虑采用树干Ⅱ型接线；D 类供区推荐采用以架空线路为主的树干Ⅱ型接线。

2. 差异化开展配变选型

针对新建高层住宅小区等负荷密集、发展较快区域，推荐根据实际情况合理配置 800、1000kVA 等大容量变压器；针对城中村等负荷密集区域，适度推广 630kVA 柱上变压器。针对时段性、季节性负荷集中台区，适当采用非晶合金配电变压器或有载调容调压变压器。

3. 精细化选定线路截面

针对 B 类及以上供区中以高层、多层建筑为主的居民住宅区，推荐低压干线选用截面积为 $240mm^2$ 的电缆。针对负荷分散分布的 C 类及 D 类城镇、农村地区中以分散低层建筑为主、高比例分布式光伏接入居民区，架空线路截面积分别推荐不小于 185、$120mm^2$。

4. 推动分布式电源高效接入及观测互动

当光伏采用全额上网方式、装机在 100~400kW 时，经技术经济比较后可选用低压交直流混联供电模式，配套设置交直流互联装置。在按照"一台区一终端"的原则建设、改造低压智能台区的基础上，二次系统通信部分推荐优先采用光纤通信方式，并在光伏就近接入点配置低压物联开关。

5. 满足电动汽车规模化接入充电需要

针对 C 类及以上供区中的高层建筑区，考虑其充电桩负荷占比较高，可能超过变压器总容量的 30% 或超过 100kW，此时宜单独设变压器供电。当电网结构采用交直流混联接线模式时，充电桩宜接入直流母线。

6. 考虑分布式储能发展需求

推荐用户按需配置储能，分布式光伏接入场景下，根据供电可靠性及经济效益测算，如有配置储能需求，一般建议储能规模不大于分布式电源装机规模的 20%。工业、商业用户除常规磷酸铁锂电化学储能外，可考虑配置小规模钠离子、液流等电化学储能、重力储能或氢储能等。

11.1.2　模块组成与技术规范

基本模块组是建立低压配电网典型供电模式的基本要素。基于低压配电网实际结构，定义接线模式、标准化设备、二次系统三类基本模块组，各模块组可进一步划分为二级模块，低压配电网基本模块组构成如图11-2所示。

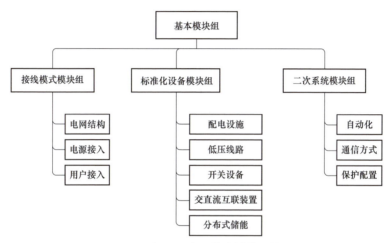

图 11-2　低压配电网基本模块组构成

1. 接线模式模块组

规定低压配电网网架结构及源荷接入方式，涵盖三个二级模块：电网结构模块细分树干Ⅰ、Ⅱ型及放射Ⅰ、Ⅱ型等接线方式；直流源、荷接入规模较大时，经技术经济比较后可灵活采用交直流混合接线方式。电源接入模块明确分布式电源可依据装机规模接入公用低压线路或公用变压器低压母线，采用交直流混联接线模式时宜接入直流母线；用户接入模块明确不同规模用户的接入电压等级，其中重要用户可考虑加装自动投切装置（ATS），电动汽车充电桩依据接入容量可接入低压配电箱、低压线路或配电变压器低压母线，必要时设置单独变压器供电。

2. 标准化设备模块组

规定低压配电系统主要设备选型，涵盖五个二级模块：配电设施模块包括建设形式、配电变压器台数及容量、电气主接线形式及进出线回路数、无功配置等。低压线路模块包括线路形式及导线截面，依据接线模式的不同细分为密集绝缘插接母线槽与电缆、电缆线路、架空线路等形式。开关设备模块包括开关设备形式、断路器类型，与配电变压器建设形式相关联，此外，采用放射式接线的小区为提升供电可靠性，可配置应急供电电缆快速对接箱。交直流互联装置模块仅在选用交直流混合接线方式时采用，包括装置选型、控制功能，依据直流配电网与交流配电网双向功率交互需求，选用双向或单向功率传输的换流器。分布式储能模块包括储能类型、配置容量，其中储能类型除常规磷酸铁锂电化学储能外，可适度选用钠离子储能、液流储能、重力储能、氢储能等。

3. 二次系统模块组

规定低压配电二次系统配置方案，可分为智能配电站房、低压智能台区两大类，涵盖三个二级模块。自动化模块采用协调控制终端、智能融合终端两类终端，分别在关键节点配置低压智能开关、低压物联开关，实现信息采集、故障研判与隔离等功能。通信方式模块包括光纤、无线、载波等，其中在接入分布式电源的情况下，优先采用光纤通信方式。保护配置模块主要考虑保护配置原则，涵盖长延时、短延时等基本功能，若接入分布式电源，增配防孤岛保护和故障解列功能。

11.2 低压台区规划

1. 台区容量规划

配电变压器应遵循"密布点、短半径"原则，容量配置以需求为导向并应充分考虑中长期负荷发展情况，留有充足的裕度，避免频繁更换。当配电变压器容量不能满足供电需求时，应优先考虑通过新增布点来解决，配电变压器投产后第二年负载率不宜低于30%。

2. 接入点选择

在满足节点（分支）容量及户数控制标准的前提下，配电变压器宜就近接入中压线路。采用双配电变压器结构和相邻台区联络结构时，具备条件的，可将配电变压器接入不同公用环网节点。

3. 设备选型

台区规划关键设备为主干线导线，其根据不同供电区域类型有着不同的选型标准，台区关键设备选型标准（主干线导线）如表 11-1 所示。

表 11-1 台区关键设备选型标准（主干线导线）

线路形式	供电区域类型	主干线（mm²）
电缆线路	A+、A、B、C 类	≥120
架空线路	A+、A、B、C 类	≥120
	D 类	≥50

注 1. 表中推荐的架空线路为铝芯，电缆线路为铜芯。
   2. A+、A、B、C 类供电区域宜采用绝缘导线。

11.3 典型问题解决方案

11.3.1 低电压解决方案

配电网规划需保证有功和无功的协调，电力系统配置的无功补偿装置应在系统有功负荷高峰和负荷低谷运行方式下，保证分（电压）层和分（供电）区的无功平衡。变电站、线路和配电台区的无功设备应协调配合，按以下原则进行无功补偿配置：

（1）无功补偿装置应按就地平衡和便于调整电压的原则进行配置，可采用变电站集中补偿和分散就地补偿相结合，电网补偿与用户补偿相结合，高压补偿与低压补偿相结合等方式。接近用电端的分散补偿装置主要用于提高功率因数，降低线路损耗；集中安装在变电站内的无功补偿装置主要用于控制电压水平。

（2）应从系统角度考虑无功补偿装置的优化配置，以利于全网无功补偿装置的优化投切。

（3）变电站无功补偿配置应与变压器分接头的选择相配合，以保证电压质量和系统无功平衡。

（4）对于电缆化率较高的地区，必要时应考虑配置适当容量的感性无功补偿装置。

（5）大用户应按照电力系统有关电力用户功率因数的要求配置无功补偿装置，并不得向系统倒送无功。

（6）在配置无功补偿装置时应考虑谐波治理措施。

（7）分布式电源接入电网后，原则上不应从电网吸收无功，否则需配置合理的无功补偿装置。

11.3.2　分布式光伏接入解决方案

对于低压配电网，并网光伏总容量一般在 400kW 及以下，接入电压等级为 380V/220V。

（1）光伏发电系统通过 220V 单相接入时，每个并网点容量不宜超过 8kW。

（2）三相电力用户分布式光伏的接入，可选用单相或三相逆变器，采用单相、两相或三相方式接入。

（3）各相接入的光伏发电系统应均衡分配，由光伏发电系统接入引起的 380V 系统三相电压不平衡度应符合《电能质量　三相电压不平衡》（GB/T 15543—2008）的相关要求。

（4）光伏发电系统接入容量超过该配电台区变压器额定容量的 25%时，公用电网配电变压器低压侧应配置低压总开关，并在配电变压器低压母线处装设反孤岛装置。低压总开关宜与反孤岛装置间具备操作闭锁功能，母线间有联络时，联络开关也宜与反孤岛装置间具备操作闭锁功能。

（5）当同一配电变压器供电区域内有数量较多的光伏发电系统分散接入，年发电量超过年用电量的 50%时，宜从系统角度整体开展该供电区域电能质量及无功电压专题研究。

12 智能化规划

12.1 智能终端规划

12.1.1 分布式源荷数据采集方案

1. 分布式电源数据采集方案

在分布式电源规模化接入背景下，产生的业务及对应数据采集需求主要包括两个方面，一方面是支撑综合能源服务及电力交易，对内部的客户的基础档案、设备数据、电费信息、上网电量等数据的质量和时效性有更高要求；另一方面，新能源的投退可改变故障电流的特征，影响配电线路保护策略与性能，需开展分布式电源、储能装置、能量分配转换装置、用电智能控制监测及保护装置的实时监测，支撑有源配电网的故障自愈。分布式电源数据监测主要包括以下三种方案。

方案一为"智能终端+新型电能表+多功能断路器"技术升级方案。通过升级改造台区集中器和电网企业用电采集系统，实现分布式光伏数据分钟级采集。通过控制智能电能表的开断实现分布式光伏的并离网，同步将运行数据发送至调度系统，实现批量自动控制，可有效应对设备过载、电网调峰等应用场景，是完全基于现有系统高效、低成本的控制方案。

方案二为调度系统主站+集群监控子站+光伏逆变器（加装支持终端加密的 4G 通信模块）建设方案。分布式光伏监控主站经网络安防设备与部署于互联网大区的集群监控子站通信，子站通过 4G 公网与光伏逆变器进行信息交互，从而实现对低压分布式光伏的实时监视与柔性控制。

方案三为调度系统主站系统+集群监控子站+光伏逆变器（加装 5G 通信模块）建设方案。通过 5G 无线通信采集技术拓展调控对象边界，实现分布式光伏接入、监视与控制。分布式光伏监控主站经网络安防设备与集群监控子站通信，子站通过 5G 公网与光伏逆变器进行信息交互，从而实现对低压分布式光伏的实时监视与柔性控制。

考虑负荷特性、新能源渗透率、源荷可控性等因素划分不同的典型场景，以 4 类供电场景为例进行终端规划方案介绍，分布式电源数据采集方案如表 12-1 所示。

表 12-1 分布式电源数据采集方案

区域类型	分布式电源渗透率	终端配置方案
城市配电网	低	仅需监测关键节点，在馈线出口、分段开关等关键节点配置配电自动化终端，负荷信息以用电信息采集为主
	高	除在馈线出口、分段开关上配置配电自动化终端外，还需在台区配置智能终端、在分布式新能源逆变器装置配置相应的监测与控制终端等，保证系统能够实时采集上送运行数据，并下达上级调控指令，实时监测系统运行状态
农村配电网	低	馈线出口配置配电自动化终端即可，以负荷监测为主，无须实时上送系统运行数据
	高	需配置台区智能终端、配电自动化终端及新能源监测与控制终端，需采集关键节点运行数据，调节台区电压与潮流分布，避免潮流反送

在中压配电网方面，新建终端应建设为具备遥控和遥调功能的一体化采集控制终端，存量终端设备根据需求逐步改造，实现可执行调度下发的远方控制解/并列、启停和发电功率指令。低压配电网方面，新增的涉控低压光伏用户应配置智能物联电能表，存量配置常规电能表的涉控低压光伏用户应在逆变器与台区终端间配置通信协议转换模块，或将常规电能表改造为智能物联电能表。

2. 可控负荷数据采集方案

新增用户变压器可控负荷用户配置可控制分路开关的专用变压器采集终端，存量用户变压器采集终端若控制分路不足时应扩展控制模块或整体更换，推广建设有序充电桩、V2G，提高负荷控制能力。

10kV 及以上新用户随受电工程同步配置电力负荷管理终端，10kV 及以上存量用户应办理电力负荷管理终端补装业务，提高负荷监测能力。

3. 储能数据采集方案

接入公共电网的分布式储能系统应具备就地充放电控制和远方控制功能，根据本地平衡需求控制其充放电功率，其余功能与分布式电源监控终端相似。低压分布式储能电站相关通信需求如表 12-2 所示，中压分布式储能电站通道业务终端通信需求如表 12-3 所示。

表 12-2　　　　　低压分布式储能电站相关通信需求

业务终端名称	采集数据类型	时延	频次
分布式储能电站	电压、电流、电能量	<3s	小时级

表 12-3　　　　中压分布式储能电站通道业务终端通信需求

业务名称	采集数据类型	数据来源	时延	频次
新能源/储能调控（10kV）	电流、电压、功率、开关量等"四遥"	远动机终端	≤50ms	秒级

12.1.2　中压馈线终端规划

1. 馈线自动化终端

（1）终端配置标准：

架空线路自动化终端按以下标准配置。A+、A 类供电区域配置级差保护+集中型 FA（馈线自动化），对可靠性要求极高的地区，可试点配置差动保护+智能分布式 FA，B、C、D 类供电区域配置级差保护+集中型 FA。

电缆线路（双环网、单环网）自动化终端按以下标准配置。一般配置级差保护+集中型 FA，对可靠性要求极高的地区，可试点配置光纤差动保护+智能分布式 FA。

电缆线路（双射、对射、单射）一般配置级差保护+集中型 FA。

（2）终端通信方式：

站房类的一二次融合成套设备或保护测控一体化装置应自带可插拔远程

通信模块（可适配光纤、电力无线专网、无虚拟专网或公专一体化等通信方式）；架空类的一二次融合成套设备或保护测控一体化装置宜自带可插拔远程通信模块。

配电自动化线路通信方式遵循"安全可靠、经济高效"原则，电缆线路优先采用光纤通信方式，架空线路优先采用无线通信方式。对于在光纤、无线未覆盖地区，可在保证安全性的前提下应用中压载波通信作为补充。

（3）终端建设及改造原则：

新建线路按照一二次设备（含光纤通信）"同步规划、同步设计、同步建设、同步验收、同步投运"原则，采用一二次成套设备或保护测控一体化装置，一次建设到位，避免重复改造。

存量线路改造优先针对未实现馈线自动化覆盖的线路，将关键节点上的存量设备根据运行情况逐步改造为一二次成套设备或保护测控一体化装置，建成标准自动化馈线。对于已满足馈线自动化覆盖的线路，根据设备运行年限及工况逐步进行关键节点一二次成套设备或保护测控一体化装置改造轮替，建成标准自动化馈线，未到年限或工况良好的设备不应盲目改造。

2. 辅助监测终端

配电站房智能辅助监测根据供电可靠性需求，分为"基本型""智能型"。"基本型"站房辅助监测主要配置视频摄像头、传感器（温湿度、烟雾、水浸、水位）、灯光控制器、智能门禁等设备，实现站房入侵、水浸、火警等异常监测，灯光联动云台摄像头实现配电站房远程巡视。"智能型"站房辅助监测是在"基本型"的基础上增配智能巡检、设备状态监测等功能。

A类及以上区域、省级重要用户和为大中型小区供电的配电站房可采用"智能型"站房辅助监测。其他配电站房采用"基本型"环境监测系统。

配电站房智能辅助监测系统摄像头视频统一接入视频平台，动环信号和设备状态监测信号统一接入物联管理平台，主机应通过信息外网接入公司统一平台。

站房网关主机装置电源中断后，应保存各项设置值。保存不少于1年的历史数据，数据可循环存储天数不少于30天。

每个配电房的门对应安装 1 台枪形摄像头用于监测作业人员出入情况；在设备运行区对面或背面，远离风机的出风口位置安装不少于 2 个的温湿度传感器；在设备区的上方、靠近外部空间的通风口处等容易产生烟雾的地方安装不少于 2 个的烟感探测器；在防涝高程以下的配电站房或有可能进水的站房低洼处安装 1~2 个水浸传感器。

网关接收、解析主站端下发的标准格式联动策略指令，并根据联动策略执行相关联动指令，网关宜包含以下联动功能：

（1）温湿度监测和风机、抽湿机、空调联动。

（2）水浸/水位监测和水泵联动。

（3）气体（有害）浓度与风机联动。

（4）烟雾与动力电源、视频联动。

（5）视频与安防、环境监测联动。

新建站房按照"同步实施、一次到位"的要求，结合站端门窗、开关柜底板防潮封堵等综合环境整治方法，同步开展站房辅助监测建设，确保站房环境整治和监测同步到位。

存量站房优先进行低洼易涝、重要用户供电、大中型小区的配电站房的辅助监测改造。

对配电室室内日最大相对湿度超过 95% 或月最大相对湿度超过 75% 时的配电站房，应配置除湿机或空调等除湿降温设备，并接入站房智能辅助监测系统实现装置的远程控制及参数调整。

12.1.3 台区智能终端规划

通过配电物联网对运行设备的全面感知，完成本地用户停电时间、停电类型、事件性质的统计汇总，云端通过统计用户停电数量和停电时长，实现中低压供电可靠性指标和参考指标的实时自动计算，并结合实时及历史数据对供电可靠率不合格的区域制定供电可靠率提高策略。发挥融合终端边缘计算优势和就地管控能力，统筹协调换相开关、智能电容器、SVG（动态无功补偿器）等设备，实现对电网的三相不平衡、无功、谐波等电能质量问题的快速响应及治理；同时在云端主站分析所有台区历史数据和区域特性等数据，结合融合终端边缘计算优势，优化区域电能质量，改进智能调节策略，满足用户高质量用电需求。

1. 终端配置标准

低压智能台区的建设标准为"基本型"和"标准型"两类。新建台区按照低压智能台区建设，根据"一台区一终端"的建设原则配置台区终端、低压智能开关。存量台区部署台区终端后，按照低压智能开关配置要求改造的关键节点开关，逐渐建成低压智能台区。

基本型低压智能台区部署 1 个台区终端，在台区总开关、分路开关配置低压智能开关。若台区有分布式光伏、充电桩、储能装置的数据采集需求，可配置具备相关功能的低压智能开关。

标准型低压智能台区部署 1 个台区终端，在台区总开关、分路开关、分支箱、表箱内等关键点配置具备拓扑识别功能的低压智能开关。在分布式光伏、充电桩的就近接入点处配置具备物联相关功能的低压智能开关。对供电可靠性要求高或电能质量需求高的台区，可配置低压智能开关。

2. 建设及改造原则

针对 B 类及以上供电区域，新建台区按照"标准型"的要求建设，对于存量台区优先针对以下情形可改造为"标准型"台区。

（1）大中型小区台区、高故障台区。

（2）具备低压分布式电源、充电桩接入的台区。

（3）已建成中压标准自动化馈线所带的台区。

针对 C 类及以下供电区域，新建台区按照"基本型"的要求建设，存量台区按照"基本型"的要求逐步升级改造。

台区终端应具备交流采样、状态量采集、事件上报等功能，符合通信协议支持、安全防护等要求，宜自带可插拔远程通信模块（可适配光纤、电力无线专网、无线虚拟专网或公专一体化等通信模块）。当台区接入分布式电源、充电桩时，台区终端应接入分布式光伏逆变器、充放电桩运行状态、电能质量等信息，按需拓展分布式电源监测控制、电动汽车有序充电管控等应用功能。

台区综合配电箱（柜）应配置通信规约统一的低压智能开关、智能无功补偿装置，明确各类型设备接口规范，构建即插即用机制。

12.2 配电通信网规划

12.2.1 通信技术路线

1. 中压配电网通信技术分析

目前配电通信网按电压等级可分为中压配电通信网及低压配电通信网，按通信类型可分为有线及无线通信网。中压配电网可用通信技术性能见表 12-4。

表 12-4　　　　　　　　　中压配电网可用通信技术性能

指标/技术	光纤	电力线载波	无线专网	4G	5G
速率	1.25Gbit/s	500kbit/s	10Mbit/s	50Mbit/s	10Gbit/s
时延	小于10ms	端到端10ms	20~300ms	30~100ms	10~20ms
覆盖半径	大于20km	架空线路为15km，电缆线路为3km	1.6~8km	1~5km	0.5~2km
连接数	—	>300	单扇区600个	十万级/km²	百万级/km²
运维成本	高	低	低	中	高
产业链状况	成熟可控	成熟可控	成熟完整	成熟	较为成熟
抗干扰能力	强	较弱	较弱	较弱	较弱
丢包率	<0.001%	5%~10%	<1%	<2%	<0.5%
隔离方式	物理隔离	物理隔离	逻辑隔离	逻辑隔离	拟物理隔离

2. 低压配电网通信技术分析

低压有线通信技术包括低压电力线高速载波通信技术、RS-485（某种工业专线通信），无线通信技术包括无线专网、4G、5G、LoRa（低功耗局域网）、微功率无线、Wi-Fi（无线局域网）、蓝牙、NB-IoT（基于蜂窝的窄带物联网通信）。

HPLC：低压电力线高速载波通信技术为电力线载波技术的一种，多用于低压台区用电信息采集系统本地通信中，通信可靠、免布线、施工成本低，但存在信号不稳定造成信息孤岛等缺陷。

RS-485：其为一种工业网络，属于专线通信，网络实现简单且可实现远距离通信，抗干扰能力强，能在大噪声下传输信息，技术成熟度很高，具有高可靠性。但其数据传输速率低，需额外布线、成本增加，组网灵活度较低。

LoRa：采用线性扩频调制技术，实现远距离无线通信；具有低功耗特性，网络性能更稳定；传输安全性、实时性较高；但其受到功耗及带宽的限制，传输速率低。

微功率无线：主要工作在 470~510MHz 频段，设备发射功率小于 50mW。其组网快捷灵活，建网成本低，具有自动中继和路由能力；抗干扰能力较强，但其灵敏度受限、覆盖范围较小。

Wi-Fi：一种无线局域网技术，工作频段包括 2.4、5.8GHz，组网便捷、网络扩展灵活、带宽高、时延低、经济性较好、技术相对成熟；但其通信距离较短，信号容易受到干扰，加密措施有限，网络安全性有待提高。

蓝牙：目前主流的短距离无线通信技术，工作频段在 2.4GHz，传输距离通常在 10m 以内，适合于设备间小范围的通信。

NB-IoT：为基于蜂窝的窄带物联网的一种新兴技术，支持低功耗设备在广域网的连接，其覆盖广、功耗低、连接数量大、连接较为稳定可靠。低压配电网可用通信技术性能如表 12-5 所示。

12.2.2 终端通信接入网规划

1. 光纤专网

光缆建设宜以 10kV 出线变电站为中心，以开闭所等大型通信节点为汇聚节点，光缆芯数不应少于 24 芯。

城市配电网电缆管道的建设规划应充分考虑光缆位置，在管道建设时，应预留光缆专用管孔或子管。

城区范围内沟（管）道光缆敷设时，优先选用电力管廊，不具备电力管廊的，可充分利用市政廊道、地铁及公网运营商等其他廊道资源敷设。

光纤专网宜采用 xPON（被动光纤网络）技术、工业以太网技术。xPON

表12-5

低压配电网可用通信技术性能

指标/技术	HPLC	RS-485	LoRa	微功率无线	蓝牙	NB-IoT	Wi-Fi
速率	<100kbit/s	9.6kbit/s	0.3~50kbit/s	30~1200kbit/s	48Mbit/s	200kbit/s	2Mbit/s~9.6Gbit/s
时延	百毫秒级	<5s	185ms	<10s	5~50ms	1.6~10s	2~3ms
覆盖半径	300m/500m	1200m	5~15km	<5km	300m	1~10km	50~100m
连接数	300终端	31终端	10000终端	200~300终端	一个主机最多连接7个从机	50000终端	255终端
组网成本	采集器约160元，模块约40~80元	集中器1000元/台	网关3500~5000元/个	终端30~40元/台	蓝牙5.0模块30~50元/个	基站8万元/座	路由器600~6000元/个
运维成本	低	低	低	中	低	低	中
产业链状况	较成熟完整	完善	存在兼容问题	待成熟	完备成熟	待成熟	成熟
抗干扰能力	较强	强	强	中	较强	强	中
丢包率	<5%	<2%	2%~10%	<10%	<2%	<5%	1%~2.5%
隔离方式	物理隔离	物理隔离	逻辑隔离	逻辑隔离	逻辑隔离	逻辑隔离	逻辑隔离

技术适用于网络规模较大、终端节点众多、业务类型多样、通道容量较大的场景；工业以太网技术适用于具有较高可靠性需求的业务场景。

采用无源光网络 xPON 方式时，OLT 设备（局端设备）宜集中部署在变电站、开关站、配电室、充电站中；ONU 设备（光纤接入终端设备）宜部署在 10kV 配电站或配电设施、充电桩、用户表计附近。当光缆线路条件允许时，尽量形成"手拉手"、环形或双链拓扑结构，有效抵御光缆或节点设备"$N-1$"故障。分光器宜选用星形、链形等结构灵活组网。采用星形组网方式时分光级数一般不宜超过 3 级，采用链形组网方式时分光级数一般不宜超过 10 级。

采用工业以太网交换机方式时，所采用的工业以太网交换机应支持多光口、快速光路倒换和多种组网方式，结合光缆条件形成环形、手拉手或双链拓扑结构。同一环内节点数目不宜超过 20 个，在任一光缆或节点设备"$N-1$"故障时能够快速进行通道自愈，保证业务无损传输。

2. 无线专网

无线专网规划应充分调查分析和预测业务需求及运营维护需求，并充分考虑到新业务、新技术对网络结构、容量及服务质量的影响等因素。

网络建设应坚持资源共享和节能减排原则。在技术合理的前提下，应充分利用现有的通信基础设施（包括机房、杆塔、传输等），推进"共建共享"，减少重复建设，降低建设运营成本。

无线专网为业务终端与业务主站之间的通信提供服务，业务终端通过通信终端、基站、回传网、核心网、业务承载网与业务主站连接。

业务终端随配电自动化、精准负荷控制、营销工程配置。

基站包含 BBU（基带处理单元）、RRU（射频拉远模块），通过空中接口与通信终端设备通信，通过 S1 接口与核心网设备通信。

无线专网建设初期基站以承载控制业务为主。应统筹考虑其他业务需求，规划设计指标可适度超前。

基站覆盖范围应以满足室外覆盖为主，要主要选取宏覆盖基站方式。

基站规模需同时满足业务容量和覆盖指标两方面要求。在满足业务容量方面，按照业务需求预测总带宽（按照供电区域分别统计，并预留一定的冗余）与单基站容量的比率，综合考虑基站的最大接入能力，估算基站数量。在满足覆盖指标方面，根据覆盖面积与满足规划指标条件下单基站覆盖面积的比率，并预留一定的冗余，估算基站数量。

回传网络提供基站至核心网传输通道，在满足安全防护要求的前提下可采用 SDH（同步数字体系）或 MSTP（多业务传送平台）、数据网等方式。应以满足业务需求容量为前提，提前做好上联通道带宽规划。

基站回传通道应优先选用公司自身传输资源，条件不具备可租用通道，租用通道应满足安全性、可靠性和网络管理的要求。

控制业务回传通道线路侧采用端到端 1+1 或 1：1 保护方式，所在网络需提供电信级的业务保障，在故障情况下业务端到端切换时间小于 50ms。

核心网一般包含 HSS（归属用户服务器）、MME（移动性管理实体）、S-GW（服务网关）、P-GW（分组数据网络网关）、PCRF（策略与计费规则功能单元），其中 PCRF 可选。

通过省或地市建设核心网的技术经济比较，合理选择建设地点，承载生产控制大区业务和管理信息大区业务的核心网设备应物理隔离。

核心网容量应根据规划的基站数量、业务需求预测合理确定。

核心网设备可采用 pool（池）模式配置。关键单元应冗余配置，网络规模较大区域可考虑本地或异地容灾。核心网部署在地市公司模式的单位，灾备核心网宜按 1 备 N 模式部署，灾备核心网设置在省公司，处理能力宜为各地市最大的核心网处理能力，存储所有地市的数据并定期同步。

业务承载网提供核心网至业务系统的网络传输通道，在满足安全防护要求的前提下可采用数据通信网、专用通道等方式。

无线专网承载生产控制大区和管理信息大区业务时，不同大区的业务需通过独立专用的空口时频资源、基站传输单板、SDH/MSTP 独立传输通道、核心网设备进行横向物理隔离。

3. 无线虚拟专网

采用 4G 虚拟专网方式时，相关的业务终端应配置满足相关标准规定的 4G 无线通信模块，可采用外置式 CPE（客户前置终端）或嵌入式模组，通过 APN（接入点名称）+VPN（虚拟专用网络）通道，从安全接入区接入主站系统。

采用 5G 虚拟专网方式时，相关的业务终端应配置满足相关标准规定的 5G 无线通信模块，可采用外置式 CPE 或嵌入式模组，通过运营商网络专线通道，从安全接入区接入主站系统。

5G 虚拟专网硬切片单向通信时延（终端至安全接入区入口）宜小于 20ms，故障倒换时延宜小于 50ms，单向时延抖动宜小于 50ms，RB 资源占比宜为 1%~5%，可靠性应大于 99.99%。

4. 电力线载波

台区本地通信网中，集中器、智能融合终端主要通过高速电力线载波或 HPLC+HRF（高速无线通信）双模方式与电能表通信；采用 HPLC 方式时，相关的业务终端（集中器、智能融合终端与电能表等）均内置满足相关标准规定的 HPLC 通信模块，通过低压电力线进行双向数据传输。

5. 其他通信方式

中压电力线载波组网采用"一主多从"组网方式，主载波机宜安装在变电站或开关站，从载波机宜安装在 10kV 配电室或配电设施附近。配电自动化和用电信息采集要通过不同的主载波机传送信号。

无人或偏远地区可通过北斗空间卫星实现地面接收机间的短报文通信。

微功率无线包括射频通信（RF）和高速无线（HRF）。其中，射频通信（RF）应符合 Q/GDW 1376.2《用电信息采集系统通信协议–集中器本地通信模块接口》和 Q/GDW 11016《用电信息采集系统通信协议–基于微功率无线通信的数据传输协议》的要求，高速无线（HRF）应符合 Q/GDW 12087《输变电设备物联网传感器安装及验收规范》的要求。

12.3 配电调控系统规划

12.3.1 配电自动化主站规划

配电自动化系统主站主要实现配电网运行监控和状态管控，由计算机硬件（服务器、工作站）、通信设备（交换机）、安全防护设备（隔离装置、加密装置）、操作系统、支撑平台软件和应用软件等组成。

1. 硬件方面

前置服务器：完成配电数据采集与监控数据采集、系统时钟对时。

应用服务器：完成配电数据采集与监控数据处理、操作与控制、事故反演、图形模型管理、告警服务、终端运行工况监视、单相接地故障分析、抢修支撑、停电分析、信息共享与发布等。

图模调试服务器：完成配电终端调试接入，提供未来态到实时态的转换功能。

信息交互总线服务器：完成生产控制大区数据与管理信息大区交互，具备配电自动化系统与其他应用系统间数据与信息交互功能。

无线/专网通信采集服务器：完成无线通信/光纤通信配电终端实时数据采集功能。

数据库服务器：存储配电网模型。

工作站：包括配调工作站、维护工作站、安全监视工作站等。

2. 软件方面

配电网应用软件包括配电网运行监控与配电网运行状态管控两大类。配电网运行监控功能包括数据采集、操作与控制、馈线自动化、图模管理、拓扑分析、负荷转供、事故反演等；配电网运行状态管控功能包括数据采集处理、接地故障分析、配电网趋势分析、设备管理、缺陷分析、指标分析等。

12.3.2 故障研判及处置

1. 故障处理模式

馈线自动化是利用自动化装置或系统监视配电网的运行状况，及时发现配电网故障，进行故障定位、隔离和恢复对非故障区域的供电。馈线自动化按信息处理方式可分为集中型、就地重合式和智能分布式。

集中型馈线自动化：借助通信手段，通过配电终端和配电主站的配合，在发生故障时依靠配电主站判断故障区域，并通过自动遥控或人工方式隔离故障区域，恢复非故障区域供电，包括半自动和全自动两种方式。集中型馈线自动化可与级差保护相互配合，馈线自动化完成隔离故障和恢复故障区域上游供电后，完全隔离故障区域，并通过负荷转供恢复下游健全区域供电。

就地重合式馈线自动化：就地重合式馈线自动化通过检测电压、电流等判断故障，并结合开关的时序操作或故障电流记忆等手段隔离故障，不依赖于通信和主站，实现故障就地定位和就地隔离。重合器式馈线自动化一般需要变电站出线开关多次重合闸（2 次或 3 次）配合。

智能分布式馈线自动化：通过配电终端相互通信自动实现馈线的故障定位、隔离和非故障区域恢复供电的功能，并将处理过程及结果上报配电自动化主站。其实现不依赖主站、动作可靠、处理迅速，对通信的稳定性和时延有很高的要求。智能分布式馈线自动化可分为速动型分布式馈线自动化和缓动型分布式馈线自动化。故障处理流程如下：

（1）故障定位：

当线路发生短路故障或小电阻接地系统接地故障时，若为瞬时故障，变电站出线开关跳闸重合成功，恢复供电；若为永久故障，变电站出线开关再次跳闸并报告主站，同时故障线路上故障点上游的所有 FTU/DTU 由于检测到短路电流，也被触发，并向主站上报故障信息。而故障点下游的所有 FTU/DTU 则检测不到故障电流。主站在接到变电站和 FTU/DTU 的信息后，做出故障区间定位判断，并在调度员工作站上自动调出该信息点的接线图，以醒目方式显示故障发生点及相关信息。

当线路发生接地故障时，变电站接地告警装置告警，若未安装具备接地故障检测功能的配电终端，通过人工或遥控方式逐一试拉线开关进行选线，然后再通过人工或遥控方式试拉分段开关进行选段。若配电线路已安装有具备接地故障检测功能的配电终端，则配电主站系统在收到变电站接地告警信息和配电终端的接地故障信息后，做出故障区间定位判断。

（2）故障隔离：

根据故障区域隔离操作方案，分为半自动或全自动。

半自动隔离：主站提示馈线故障区段、拟操作的开关名称，由人工确认后，发令遥控故障点两侧的开分闸，并闭锁合闸回路。

全自动隔离：主站自动下发故障点两侧开关的 FTU/DTU 进行分闸操作并闭锁，在两侧开关完成分闸并闭锁后 FTU/DTU 上报主站。

（3）非故障区域恢复供电：

主站在确认故障点两侧开关被隔离后，执行恢复供电的操作。恢复供电操作也分为半自动和全自动两种。

由人工手动或由主站自动向变电站出线开关发出合闸信息，恢复对故障点上游非故障区段的供电。

对故障点下游非故障区段的恢复供电操作，若只有一个单一的恢复方案，则由人工手动或主站自动向联络开关发出合闸命令，恢复故障点下游非故障区段的供电。

对故障点下游非故障区段的恢复供电，若存在两个及以上恢复方案，主站根据转供策略优先级别排序，并提出最优推荐方案，由人工选择执行或主站自动选择最优推荐方案执行。

（4）故障识别：

短路故障识别：主要是根据断路器跳闸及其相关保护动作信号作为启动条件判别故障；配电网发生短路故障时，故障路径中的配电终端将上送各种故障信息，在保护装置的作用下，会有开关故障跳闸快速切除故障线路。

接地故障识别：根据配电网开关的零序过电流保护动作/接地特征值信号等辅助变电站母线失压信息作为启动条件并识别故障。当配电网发生单相接地故障时，可检测零序电流的终端上送对应的零序过电流动作信号，故障指示器可能给出相应的接地故障指示信号，支持暂态录波功能的配电终端（包括 DTU、FTU、故障指示器等）将启动录波并上送录波文件。

2. 有源配电网故障处置

随着规模化分布式电源接入，传统配电网结构变成多电源复杂式网络结构，传统电流保护将不再适用。因此探索如何在现有配电网的基础上解决 DG（分布式电源）接入后的继电保护任务成了含 DG 配电网安全稳定运行的关键。

随着分布式电源的大量接入，其对配电网继电保护的影响也越来越明显，DG 接入配电网后对故障电流的助增、外汲和反向电流的影响可能会降低保护的灵敏性，使原有继电保护装置产生误动或拒动。为适应 DG 的接入，保证原有继电保护的可靠性和选择性，需在原有电流保护的基础上加装方向性元件，满足 DG 接入配电网后的保护要求，实现带方向的保护信号上送。故障研判流程如下：

（1）故障处理流程。故障发生后，通过现场反射波与脉冲信号装置、线路长度等信息，计算出故障距离。

主站收集故障前后的正反向过电流信号，在根据短路故障信号（正向过电流信号）确定故障区间后，针对通过线路本侧合闸恢复供电的非故障区域，通过拓扑和分布式电源并网开关数据，分析出需要恢复并网的分布式电源，生成分布式电源重新恢复并网方案。

结果展示形式：反射脉冲法在配电网线路故障定位的分析结果上送至主站，并与基于主站算法的分析结果一同推送到调度前端展示与预警。故障研判流程图如图 12-1 所示。

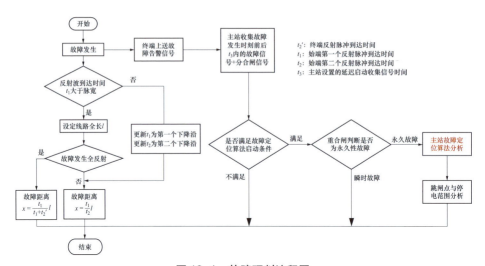

图 12-1　故障研判流程图

1）判断 T 接区段两个子节点 FTU 上传信息是否相同，相同则不进行修正。

2）T 接区段两个子节点 FTU 上传信息不同，则运用等效的思想，在满足 T 接区段状态不变的前提下，将两个子节点 FTU 上传信息进行修正使二者相同，若两个子节点 FTU 上传信息不同，只要有一个为"正向过电流"，二者都修正为"正向过电流"；若没有"正向过电流"，只要有一个"反向过电流"，二者都修正为"反向过电流"。

3）判断父节点 FTU 上传信息与所有子节点的 FTU 信息是否一致，若一致，则判定该 T 接区段未发生故障。若不一致，则判定该 T 接区段发生故障。故障定位流程图如图 12-2 所示。

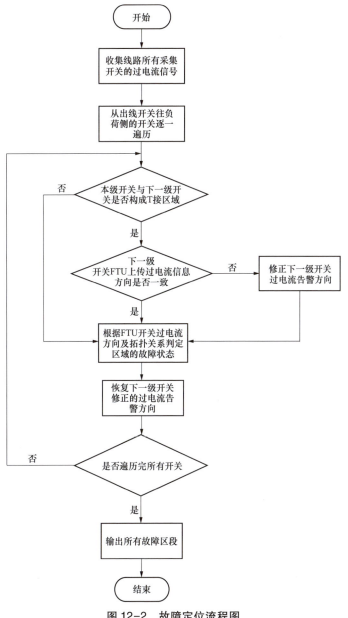

图 12-2　故障定位流程图

（2）主站研判逻辑改造。以手拉手的联络馈线组为例，其中 KG4 为联络开关，KG1-KG10 为经过软件升级改造的开关，在故障时刻能识别故障电流方向，上送正向过电流信号与反向过电流信号。手拉手联络馈线组图如图 12-3 所示。

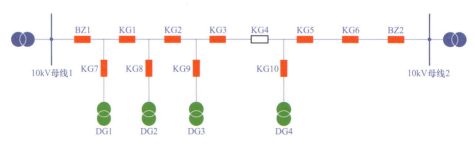

图 12-3　手拉手联络馈线组图

假设在 KG1 和 KG2 之间的区域发生永久性故障，BZ1 开关跳闸，KG1 上送正向过电流告警信号，DG14、DG1、DG2、DG3 失压脱网。主站根据终端上送的正反向过电流信号，判断故障区间为 KG1 至 KG2 之间，生成 KG1、KG2 分闸操作；BZ1/KG4 合闸操作、DG1 并网操作。

结论：开关上送正向过电流信号，则判定故障区间在开关的负荷侧。正向过电流故障示意图如图 12-4 所示。

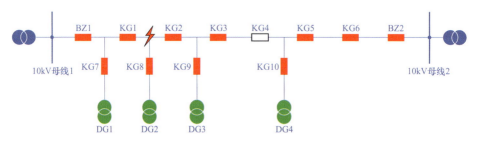

图 12-4　正向过电流故障示意图

假设在 KG1 和 KG2 之间的区域发生永久性故障，BZ1 开关跳闸，KG1 上送正向过电流告警信号，KG2 上送反向过电流信号，DG1、DG2、DG3 失压脱网。主站根据终端上送的正反向过电流信号，判断故障区间在 KG1 至 KG2 之间，生成 KG1/KG2 分闸操作、KG4 合闸操作、DG2 并网操作。

结论：根据开关反向过电流方向信息，判定故障区间在开关的变电站侧。反向过电流故障示意图如图 12-5 所示。

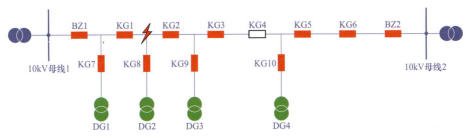

图 12-5　反向过电流故障示意图

12.3.3　分布式源荷调控策略

1. 调控模式

配电自动化主站应具备新型有源配电网运行调控支撑能力，应支持分布式电源的数据采集和展示，应支持反向功率流动计算及孤岛运行分析，具备馈线和配电变压器分布式电源承载力分析能力，具备分布式电源出力预测能力，具备分布式电源群调群控能力，具备无功电压优化能力，具备分布式电源涉网线上管理能力，具备生产作业安措完整性预警能力，具备有源配电网在线调控模拟推演与智能决策能力，满足"主配协同、配微/台协同、台区自治"分层调控架构，可开展需求响应、辅助服务、实时邀约等市场化协同调控等新业务。

以配电主站为核心，根据不同应用场景需求，支持直采方式或其他系统"代理"方式，进行一体化整合与集中协调控制，实现多个分布式电源集中响应调控。根据主站策略机制，按区域、馈线层实现分布式电源的集群化调节，参与电网的调峰调压，实现中、低压分布式电源的群调群控。协同控制模式大致可分为"云端"控制模式、"云边"控制模式、"云云"控制模式。

"云端"控制模式：调度系统直接精准控制每个分布式电源并网开关和逆变器的通断、启停、有功出力、无功出力、功率因数等。通过集中器、负控终端或远动终端转发调度的控制指令。

"云边"控制模式：调度系统间接控制分布式电源，只需将发电计划、调控总出力等总体指令给智能融合终端或微电网协同控制器，根据台区或电站内部运行管控需要，将曲线和出力指令等分解给每个并网开关和逆变器等可控设备，并将执行整体结果反馈给调度系统。

"云云"控制模式：此模式以区域聚合商为对象。调度部门将发电计划、有功和无功出力总量等指令交互给聚合商控制平台。由聚合商控制平台内部控制策略分解执行，实现总量控制响应，并将执行整体结果反馈给调度系统。

2. 主站功能建设

（1）有功控制。配电网侧有功控制资源主要包括分布式光伏、储能、微电网、可中断负荷、灵活可调节负荷等。有功灵活性资源的主要性能如表12-6所示。

表 12-6 有功灵活性资源的主要性能

有功控制资源	预测精度	调节速率	接入方式	控制模式
分布式光伏	日前：85%；日内：95%	10kV：3~5s；400V：10~20s	10kV：用户专用线路/专用变压器，调度数据网；400V：用户专用变压器/公用变压器，无线公网	实时调峰、日内调峰、区域自治
分布式储能	—	10kV：3~5s；400V：10~20s	10kV：用户专用变压器，调度数据网；400V：用户专用变压器/公用变压器，无线公网	调频、调峰、断面、重过载、区域自治
可中断负荷	—	毫秒级、秒级、分钟级	用户专用变压器/公用变压器，调度数据网、无线公网	调峰、断面、重过载、区域自治
可调节负荷	—	秒级至分钟级	用户专用变压器/公用变压器，无线公网/互联网	调峰、断面、重过载、区域自治
微电网	日前：90%；日内：95%	秒级至分钟级	用户专用变压器/公用变压器，调度数据网/无线公网	调峰、断面、重过载、区域自治

在配/县调、地调、省调设置有功自动功率控制（APC）应用功能，实现对各自直调控制资源的自动控制，达成本级调度范围的调峰控制目标。以台区智能终端为核心，构建台区边缘自治控制，基于各种分布式资源的采集、监视与控制，进行边缘处理与控制，并与上层控制开展分层协同控制。台区终端可结合控制性能要求，选择接入配电自动化主站。

（2）无功控制。当前中压配电网中无功调节资源较少，逆变器是目前低压配电网可用的无功电压调节资源。无功调节资源性能如表 12-7 所示。

表 12-7　　　　　　　　　　　无功调节资源性能

电压等级	无功电压调节资源		配置数量	响应速度
高压配电网	有载调压变压器		多	秒级
	电容器		多	秒级
	电抗器		较少	秒级
	SVG（动态无功补偿器）		少	毫秒级
	SVC（静止无功补偿装置）		少	毫秒级
中压配电网	线路调压器		极少	秒级
	SVG		少	毫秒级
	中压并网光伏电站整体的无功电压调节	有载变压器	极少	秒级
		逆变器	多	秒级
		SVG	少	毫秒级
低压配电网	有载调压配电变压器		极少	秒级
	电容器		多	秒级
	线路调压器		极少	秒级
	电抗器		少	秒级
	SVG		少	毫秒级
	逆变器		多	毫秒级

针对不同的光伏接入情况、不同的电压等级、不同的无功电压调节资源情况，给出相应的无功电压控制策略建议：优先充分利用已有资源，尽可能通过优化控制手段减少不合理的潮流分布，解决损耗高、电压越限、投资大的问题。

考虑到配电网不同于输电网的自动化和通信条件，按照配调 AVC（自动电压控制）整体协同+中压关键节点实时控制+远方修改台区定值+台区内部实时调节的技术方案，构建快速与慢速相结合配电网 AVC 控制架构，主要由以下两类技术方案。

对于光伏渗透率较高的台区，在台区终端配置 AVC 控制功能模块，基于 HPLC 本地通信，快速调节台区内部无功电压资源（逆变器、有载变压器、SVG 等）。

对于中压配电网，根据电压无功运行特性配置 AVC 功能模块，实时监测电压情况，在少量关键节点集中部署调节资源（如容抗器、线路调压器等）进行 AVC 慢速控制。台区终端接收配调发送的 AVC 定值策略，要定期或不定期修改策略。

13 新型电力系统配电网网格化规划案例

以福州市某网格为例，开展新型电力系统网格化规划。

13.1 网格概况

该网格主要供电服务对象为居民小区，现状由鹤林912、鹤林922、鹤林955和鹤林965共计4条10kV线路供电，所有10kV线路的导线型号均为YJV22-10kV-3×300mm^2。其中鹤林912线路负载率为43.94%，接入配电变压器38台，总容量20530kVA；鹤林922线路负载率为62.75%，接入配电变压器14台，总容量10860kVA；鹤林955线路负载率为76.57%，接入配电变压器38台，总容量26785kVA；鹤林965线路负载率为67.68%，接入配电变压器34台，总容量23060kVA。

13.2 充电负荷预测及承载力分析

（1）充电负荷预测。该区域内建有保利香槟国际、和光尘樾、鹤林新城、融侨悦城（A、B、C、D）4个居民小区，共计17674户居民，停车位11500个。目前区域内汽车总量20000辆，其中新能源汽车1000辆，私人交流充电桩254根。

到2025年，预计福州市城市地区新能源汽车渗透率为12%，预计需新建2146台7kW私人充电桩，居民区充电桩间同时率按照0.15考虑，经分析该区域内将新增充电负荷2520kW。

（2）10kV配电变压器承载力分析。根据城市居住区常规负荷的增长规律，区域内常规负荷的自然增长率按照年均5%计算负荷增量，叠加充电负荷计算出2025年该区域内总体负荷增量。以现状配电变压器负载率水平为基准，叠加至 2025 年的总体负荷增量，负载率在 0~20%的配电变压器由 18 台降低到 13 台；负载率在 20%~50%的配电变压器由 79 台降低到 66 台；负载率在 50%~80%的配电变压器由 16 台增加到 32 台，增幅达到 100%；负载率超 80%的配电变压器增加 2 台，均在保利香槟国际小区，保利香槟国际二期 38 号楼配电室 1 号变压器最大负载率由 70%增长至 83.92%，保利香槟国际二期 26 号楼配电室 1 号变压器最大负载率由 72.25%增长至 86.52%。2022~2025 年各小区的配电变压器负载率分布情况如表 13-1 所示。

表 13-1   2022~2025 年各小区的配电变压器负载率分布情况

小区名称	0~20%		20%~50%		50%~80%		80%以上	
	现状	2025 年	现状	2025 年	现状	2025 年	现状	2025 年
保利香槟国际	7	7	22	14	8	14	0	2
和光尘樾	0	0	6	4	1	3	0	0
鹤林新城	8	5	39	38	4	8	0	0
融侨悦城	3	1	12	10	3	7	0	0
总计	18	13	79	66	16	32	0	2

整体上看，到 2025 年总体负荷增量对于该网格的配电变压器影响不大，出现重过载的配电变压器数量占总配电变压器数量的 1.6%。分小区来看，对于保利香槟国际小区的影响最大，重过载的配电变压器均在该小区，且配电变压器负载率在 50%~80%的配电变压器数量占该区间总量的 43.7%。

（3）10kV 线路承载力分析。根据每台配电变压器所属的 10kV 线路，将同一 10kV 线路下的所有配电变压器归类汇总，并分别计算出各 10kV 线路下所有配电变压器到 2025 年总体负荷增量。结合目前 10kV 线路最大负荷与该线路下所有配电变压器最大负荷之和计算出配电变压器层面至 10kV 线路最大负荷之间的传导系数，并根据这一传导系数将 2025 年总体负荷增量叠加至所属 10kV 线路。以现状 10kV 线路负载率水平为基准，叠加目前至 2025 年期间的总体负荷增量。

分线路上看，到 2025 年，鹤林 922 线最大负载率由 43.94%增长至 55.48%；鹤林 912 线最大负载率由 62.75%增长至 78.1%；鹤林 955 线最大负载率由 76.57%增长至 97.11%；鹤林 965 线最大负载率由 67.68%增长至 86.52%。整体上看，到 2025 年总体负荷增量对 10kV 线路的负载率影响较大，4 条 10kV 线路中有两条出现重过载。10kV 线路最大负载情况见表 13-2。

表 13-2　　　　　　　10kV 线路最大负载情况

线路名称	最大输送容量（MW）	配电变压器至 10kV 线路传导系数	2025 年配电变压器最大负荷（MW）	线路最大负荷（MW）		最大负载率（%）	
				现状	2025 年	现状	2025 年
鹤林 922	8.31	0.94	4.9	3.65	4.61	43.94	55.48
鹤林 912	8.31	0.77	8.43	5.22	6.49	62.75	78.10
鹤林 955	8.31	0.89	9.07	6.37	8.07	76.57	97.11
鹤林 965	8.31	0.9	7.99	5.63	7.19	67.68	86.52

13.3　中压配电网网架规划方案

根据该供电单元内配电变压器和 10kV 线路承载力分析结构，对承载力不足的配电变压器和线路结合实际建设条件，选取配电变压器新建、配电变压器增容改造、线路截面改造、线路切改或配建光储、负荷互补性接入等规划方案。

（1）10kV 线路规划方案。结合对该供电单元内 4 条 10kV 线路到 2025 年承载力分析结果，其中有两条线路最大负载率超过 80%，考虑对重载的两条线路进行改造，10kV 线路改造项目表见表 13-3。

表 13-3　　　　　　　10kV 线路改造项目表

序号	线路名称	接入充电桩规模（台）	接入充电总功率（kW）	充电负荷（kW）	线路总负荷（kW）	改造前最大负载率（%）	改造方案	改造后最大负载率（%）
1	鹤林 955	723	5061	759.15	8070	97.11	新建 1 条由 220kV 鹤林变电站至融侨悦城方向 10kV 线路，导线型号为 YJV22-10kV-3×300mm^2，切除鹤林 955 线 2.87MW 负荷至新建线路	62.63

续表

序号	线路名称	接入充电桩规模（台）	接入充电总功率（kW）	充电负荷（kW）	线路总负荷（kW）	改造前最大负载率（%）	改造方案	改造后最大负载率（%）
2	鹤林965	735	5145	771.75	7190	86.52	切除鹤林965线2.26MW负荷至上述同一条新建线路	59.34

（2）10kV 配电变压器及储能规划方案。结合对该网格内 124 台配电变压器到 2025 年承载力分析结果，其中有两台配电变压器最大负载率超过 80%，另外还有一台配电变压器最大负载率为 78.25%，已接近重过载边缘，因此考虑对以上三台配电变压器进行增容改造，并配置容量为 100kV/100kWh 的储能装置，配电变压器改造项目明细表见表 13-4。

表 13-4 配电变压器改造项目明细表

序号	配电变压器名称	充电桩接入需求（台）	充电负荷（kW）	配电变压器总负荷（kW）	改造前最大负载率（%）	改造方案	改造后负载率（%）	所接充电站/桩名称
1	保利香槟国际二期38号楼配电室1号变压器	11	11.55	335.69	83.92	配电变压器容量更换为630kVA	53.28	居住区交流桩
2	保利香槟国际二期26号楼配电室1号变压器	11	11.55	346.10	86.53	配电变压器容量更换为630kVA	54.94	居住区交流桩
3	鹤林新城Ⅰ期配电站2号变压器	23	24.15	492.99	78.25	建设储能100kW/100kWh	62.38	居住区交流桩

13.4 低压用户接入方案

鹤林新城小区 4 号楼与 7 号楼之间的停车位较为分散，为减少总电缆路由长度，减少土建改造工作量，降低建设成本，对于该区域内建设的充电桩采用分支箱集中接入方案。通过设置 3 个分支箱 30 台充电桩供电，其中 4 号与 5 号楼中间的分支箱接入 10 台充电桩，7 号楼分支箱接入 15 台充电桩，剩余分支箱接入 5 台充电桩。3 台分支箱统一接入附近公用变压器低压侧。鹤林新城充电桩分支箱集中接入方案见图 13-1。

图 13-1　鹤林新城充电桩分支箱集中接入方案

13.5 智能化规划方案

现有居民个人充电桩的配电分支箱与用电配电分支箱分别单独接线，投资成本相对较高、施工阻力大，且缺乏智能有序用电手段，台区仍有过载风险。

居民低压出线容量复用可提高台区个人充电桩的接入能力，降低台区过载风险。同时，为确保台区负荷不越限，在配电分支箱部署进线智能有序管理单元，对充电桩的负荷进行有序管理，确保进线负荷和台区负荷不越限。台区复用现有容量有序充电接入方案见图 13-2。

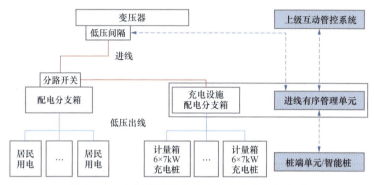

图 13-2 台区复用现有容量有序充电接入方案